真想立刻去上班

悠遊職場16式

曾麗明 著

書泉出版社 印行

序

讓美夢成眞的魔法師

在大學授課的講堂上，我請同學們思考未來畢業五年後想過的生活，以圖像的方式用蠟筆描繪在紙上，並請大家逐一上台分享自己的志趣及理想，許多同學興趣盎然、將A4紙塗得滿滿的，也有同學絞盡腦汁，卻是一筆也下不了手！

接下來的場景是，有人在台上口沫橫飛，意氣風發地描述未來希望的生活，仿佛畫中景緻，被施以魔法，活靈活現地幻化爲眞實情景，而更多的同學只能就著稀疏的筆觸，拼湊著自己的未來。

整理同學的畫中內容，有堆積如山的金銀財寶、有直衝雲霄的摩天大樓、有大大的辦公桌、有凌空翱翔的飛機、有廣闊的世界地圖、也有與家人和樂相處的景象。

這些願望應該不只是這群涉世未深、還在校園中學習的同學的夢想，而是所有職場上班族努力的目標：

要有豐厚的薪酬，並累積滿貫的財富，坐擁名車與豪宅！
希望在氣派宏偉的摩登大樓裡工作，產業前景及工作品質兼具！
要擁有權力，並且成爲主管，帶領團隊攻城掠地，建立鴻鵠基業！
要與國際接軌，同時也經常出國巡禮，最好能環遊世界！
最後，要找到所愛的人；陪伴家人，將榮耀及幸福與親友分享！

這不就是上班族努力的目標嗎？這樣的圖像怎麼會顯現在這群在學同學的畫紙上？原來從大學生、新鮮人、上班族、中高階主管，想的都一樣，希望努力能有成果與收穫，而這些自幼深植人心的圖像，能否實現？我想，所有人都不敢確定！

觀察同學們的熱情及社會的現況，可以感受到社會新鮮人的無奈，因爲社會對於這群初出社會的年輕人並不友善；工作機會少、沒有合理的報償，沒有提供紮實的培訓，整個職場都籠罩著厚厚的陰霾，要撥雲見日並不容易；因爲國際景氣、職場競爭、工作挑戰，壓得我們喘不過氣來，要想在千軍萬馬中勝出，必須付出十分的心力！

然而，這幅畫的景象已經烙印在我們腦海中，我們抹不去、也忘不了，只要有微小的火光，就會星野燎原，讓我們無法迴避！

我讓同學把畫留著，相信假以時日，當大家再有機會翻到這張畫紙，自會檢視歷經的過程與得到的成果；有人會歡呼收割，也會有人失落啜泣，這是可以預期的必然結局！

什麼人會讓畫中的的情景成爲眞實？你我都十分清楚！
讓美夢成眞的魔法師，就是自己！

晉麗明

二〇一四年一月十二日

本書是工作的心得，也是觀察的記錄，能夠讓職場上班族用有限的時間，掌握到最重要的觀念與方法，並能匯集小優點成就大長處，希望所有的職場人士都能夠「重新省思、重新學習、重新出發」，讓我們藉由自我實現來擁有不平凡且多彩多姿的職場生涯。

感謝在職場中曾經共事的每一位伙伴與同事，珍惜在工作中的每一個挫折與考驗，沒有這些經歷與教訓，就沒有本書的誕生！

分享的喜悅是最大的喜悅，衷心希望本書能帶給職場上班族工作上的啓示與助益，並藉由各種專業能力的塑造，讓大家在工作中美夢成眞，並讓漫長的職涯旅程，豐富圓滿而又充滿智慧與成就。

目錄

第十四章　上班族的壓力處理與健康管理 171

附錄

職場小叮嚀

我們處在一個複雜而又變化萬千的時代中，
我們一則以喜，因得以經歷時代的考驗，
一則以憂，
因爲稍一不愼就會在翻騰的浪濤中滅頂，
我們在職場上面臨空前的挑戰，
環境的變遷快得讓我們手足無措，
在劇變中我們更要能有撥雲見日的環境洞悉力，
才能站穩腳步，在迷霧中找到方向！

第一章　職場內外部環境的劇變

台灣面對的經濟挑戰

台灣的經濟，從一九七〇年開始，歷經了產業高度發展的三十年，台灣不僅成爲「亞洲四小龍」，更被譽爲世界的「經濟奇蹟」。然而，由於全球化效應、中國大陸的崛起及台灣產業競爭優勢的消退；自一九九七年起經濟表現急轉直下，二〇〇一年甚至創下經濟負成長百分之二·二的歷史新低。二〇〇八年的華爾街金融風暴更重創台灣經濟，那時每天報紙的重大新聞都是企業資遣、裁員、休無薪假的負面消息，而所有辛苦的職場朋友在屢創新高的失業率中深刻的感受是：「有工作是一件幸福的事」。

媒體記者在驪歌聲中訪問畢業生未來的心願，在「畢業即失業」的氛圍下，驚恐的新鮮人只能道出：「我希望找到工作」的卑微心願；場景拉到金融海嘯肆虐下的父親節，這個普遍不受社會關注的節日，麥克風遞到滿臉滄桑的爸爸面前，得到的答案不是希望子女送好禮、請大餐，而是：「希望給我一份工作」的無奈；這樣的畫面曾經無情的衝擊上班族脆弱的心靈，許多職場上班族眼眶泛著淚水，觀看這些被企業資遣的員工，捧著紙箱，無助失神走出公司的報導，除了同情，也怕失業的魔咒會降臨到自己身上；因此人力銀行調查上班族最擔心的事，得到了百分之九十上班族都「擔心失業」的答案。

金融危機造成的社會驚恐景象，大家記憶猶新，然而二〇一一年的歐債危機，再次席捲台灣外銷產業；出口導向型企業全數兵敗棄甲、潰不成軍，新鮮人、上班族再次遭逢巨變。

近年支撐台灣經濟發展重心的科技產業，在全球經濟衰退的狀況中，慘淡經營，二〇一三下半年，歐、美經濟好轉，亞洲各國的出品都呈現成長態勢，但台灣的出口卻是衰退，電子產品、光學器材與工具機出口大幅減少，國際品牌大廠ACER、HTC紛紛中箭落馬，台灣科技供應鍊更是亂了陣腳，這些舉足輕重的產業都在沉潛等待黎明。

台灣經濟屢受歐美經濟連動影響，知名財經節目主持人及理財專家夏韻芬，曾問國內著名的經濟學者馬凱教授一個大家關心的問題：「爲什麼台灣的上班族工時長且任勞任怨，但是薪酬卻是原地踏步，甚至倒退十餘年？」馬凱教授一針見血的指出：「因爲台灣的產業在數十年的發展過程中，並未進入贏者圈」，我們從傳統產業到高科技業，仍舊扮演著歐美附庸經濟的角色，所以只要世界經濟不景氣，歐美消費需求降低，我們的代工製造業就無可避免的要在訂單銳減的情況下，無情的裁減、資遣人員或是要求員工共體時艱，實施減薪及無薪假的措施！

金融風暴、歐債危機，讓我們一再重溫失業率上升、薪資負成長、新鮮人就業困難的惡夢，如果上班族不想在人人自危的窘境中無奈的歎息，或許必須在這些教訓中做些有助提昇失業免疫力的努力，因爲下一波的浪潮，將會來得又快又狠，並隨時吞蝕你我的工作！

四、五年級生幼年經歷過台灣資源匱乏、「家庭即工廠」的歲月，父母親很少能讀上初中；念完小學、識字的，算是高級知識份子了，每個家庭都有人從事紡織、成衣、製鞋、塑膠等民生工業，家家戶戶更是投入各式各樣的手工藝代工，賺取單價幾分或幾角錢的勞力工作，這樣的情景七、八年級生很難體會及理解，只能偶而在鄉土劇中重現那段歷史。

台灣傳統產業就是在這樣的汗水經濟中，創造了世界經濟奇蹟的歷史榮景，並曾締造舉世聞名的「紡織王國」、「成衣王國」、「雨傘王國」、「製鞋王國」、「玩具王國」等等光環；然而時過境遷，在內外部環境的劇變下，這些傳統產業逐一式微，並被中國大陸及亞洲新興國家所取代，而接續傳統產業引領台灣經濟成長的科技產業，也在強敵環視、國際競爭的微利化中，逐漸失去了競爭力，在新世紀中台灣賴以生存發展的代工製造業，在成本不斷上昇的窘境下光環盡失。

二〇一二年兩岸同步實施擴大內需政策；台灣致力於調整產業結構，全力發展高附加價值的勞力密集產業─服務業，而中國大陸也在人民所得不斷提昇的狀況下，拓展內需市場，一夕間，賣咖啡、賣牛排、賣火鍋、做蛋糕的餐飲服務業有如黃袍加身，硬是擠下科技業，成爲不景氣中的獲利王，而批發、零售及連鎖、量販等行業也成爲新鮮人工作的新寵。

台灣經濟發展從一九七〇年代開始迄今四十多個年頭，由傳統產業進入科技產業，並即將邁入軟體、服務、通路及know how與技術整合的時代，內外部競爭不斷擴大，而上班族的挑戰也與時俱進。在這樣劇變的大環境中，我們必須能深刻體會職場的變化，並有充份的危機意識，才能蓄積調整改善的動力，且在劇變的環境中找到定位，並維持職場的優勢。

以下謹就影響台灣經濟狀況的重要原因，條列重點與讀者分享。

中國大陸的磁吸效應

中國大陸自一九七八年實施改革開放政策後，昔日的「鎖國政策」一夕間破除，在低廉人力和土地的誘因及十三億人口的內需市場消費潛力下，中國大陸被視爲世界上最後一塊「處女地」；廣東首先開放門戶，大量的外資蜂擁而入，東莞、深圳、昆山、杭州、蘇州等遍佈大陸各省市的各類開發區，就是開發國家考量大陸低廉的人力、土地成本，在大陸積極招商的政策下，而將製造機能移轉中國大陸的結果，這個現象使中國成爲了「世界的工廠」。

然而在海峽一水之隔的台灣，即使是在李登輝總統時期「戒急用忍」、「根留台灣」的政策下，仍是前仆後繼的「錢」進大陸；國內的傳統/科技製造產業，鮮有不到對岸投資設廠者，台商西進也帶動了上班族往中國遷移，據非官方的統計，常住中國的台商、台幹及眷屬達到一百五十萬至二百萬人間。

中國大陸經濟的崛起，直接衝擊台灣的產業生態，尤其台灣在經濟發展上，是以民生製造產業及以代工爲主的科技製造產業爲主體，在國際競爭力日衰的情況下，只有向低成本且同文同種的中國大陸挪移；然而，台灣產業西進發展的數十年間，也有著極大的變化，從早期被台灣淘汰的產業，拿舊機器、舊設備到中國尋找「第二春」，到具高技術層次的精密製造業、科技代工業，藉由中國的人口紅利、低廉土地成本，從事大量生產的價格競爭。而今，這些產業不敵大陸各省市連年平均以百分之二十上漲的基本工資及長年的缺工問題，風華盡失，紛紛往大西部遷徙，或是繼續「逐成本而居」的出走東協的馬來西亞、越南、緬甸及柬埔寨；甚至於中國沿海各地的台商協會會長都已無奈的告訴所屬台商會員：「如果不能升級轉型，能收就收，否則將會面臨一無所有的下場。」二〇一二年商業周刊專文報導「台商逃亡潮」，在台商大舉西進三十年後，興衰榮枯眞實的在中國市場無情的上演，古人所謂：「三十年風水輪流轉」，完全印證了兩岸經濟優勢的逆轉！

台灣近年來愈益嚴重的失業問題，除了是產業大量外移伴隨而來的效應，也是無法提昇產品附加價值的後果；政府及企業短視近利，一味追逐低成本而放棄開創自有品牌、創造差異化及附加價值，除了造成產業升級的失敗外，也形成了上班族低薪的原因，在全球化的趨勢下，國內產業、資金、人才大舉離開台灣，將使台灣的經濟面臨轉型空窗、人才斷層的結構性危機！

探究國內產業大量外移大陸/東協的原因，有以下幾項提供參考：

1. 全球經濟不景氣的影響

2. 台灣產業升級失敗，無法有效提昇產品與服務的附加價值
3. 昔日以低廉土地、人力成本爲獲利來源，及犧牲環保與勞工意識的光景不再
4. 大陸改革開放政策的磁吸效應
5. 中國大陸同文同種的文化背景及相近的地緣關係
6. 中國大陸低成本的競爭力及積極招商（台商）的措施
7. 中國廣大內需市場的誘因
8. 台灣政經情勢的惡化，影響廠商的投資意願
9. 台商的競爭力下滑，爲求生機紛紛往大西部及東協國家挪移
10. 台灣產業如無法超越成本的競爭，「逐成本而居」將成爲宿命

台灣傳統產業的轉型失敗

台灣傳統產業的成長過程十分艱辛，在數十年的發展中，歷經石油危機、中美斷交、飛彈危機、亞洲金融風暴、華爾街海嘯、歐債危機等等嚴峻考驗，因此具有堅韌的特性，但是面對愈益頻繁的經濟劇變及亞洲新興國家的崛起，經營發展受到嚴重的挑戰及衝擊。

常有人說：「只有夕陽產品，沒有夕陽產業」，其具體的例證就是便利商店的崛起；便利商店的經營型態，是將傳統的雜貨店，經過通路的整合串聯、賣場的包裝、統一進貨、標準化

的管理／服務、資訊管理系統等技術引進，賦予傳統雜貨店新的定位及生命，而超商內部所販售的產品，實質上與傳統的雜貨店差異不大，將「便利」與「通路」的觀念徹底的與現在的工商業及社會型態相結合，迫使傳統的雜貨店退出市場；傳統單打獨鬥的店鋪生意轉型為異業整合及通路建構的經營模式，這種「從傳統處創新」的蛻變才能讓產業浴火重生。

超商業者更在二〇一二年打破傳統陳列商品的空間特性，增設用餐及座位區，意圖搶佔餐飲速食的商機，目前超商的熟食區及熱狗吧已成為外食消費者的新寵，而跨界推出的機能服飾也締造銷售佳績，超商不斷整合異業與創意，成為無所不能、無所不賣的百變金剛；美國直覺公司前創新長David Murry曾說：「如果你在自己的領域裏借用點子，人家說你是小偷；遠一點，人家說你聰明，更遠一點，別人說你是天才。」

傳統產業，大多在經營管理上仍無法順應時代的潮流，這與經營者的觀念及人才的不願投入有著密切的關係，近三十餘年來高科技產業的蓬勃發展，使得人力大量投入科技產業，許多食品、紡織、五金、鋼鐵、鑄造等傳統產業不但無法注入新血，同時也由於社會的多元發展及上班族價值觀的改變，使得工廠的作業人員招募不易，必須大量仰賴外勞，以補充生產的缺員；南部的許多螺絲製造大廠，即使祭出五萬元的月薪，還是等不到人上門應徵。

此外，傳統產業的經營者，受限於經營的能力及遠見，也使得產業轉型及升級的機會渺茫，目前國內傳統產業在無法提昇產品附加價值及創造差異化的狀況下，大量的向大陸及東南亞新興國家挪移，以尋求低廉的土地及人力，期能延續產業的命脈；傳統產業是台灣經濟起飛的功臣，而大量倒閉與外移的結果，將重創台灣的經濟與社會。

在工作中經常接觸形形色色的企業組織，很多公司對被定位為傳統產業十分排斥，覺得這個名詞是「退步」、「過時」、「落伍」的同義詞，但是，經過深入的了解及訪談後，我們不禁憂心，即使是上市櫃公司，從經營者的想法、觀念及組織的運作與發展，許多公司還是停留在傳統保守及家族經營的困境中，這也難怪台灣產業的成長動能不足、組織內耗嚴重、接班人選難覓；導致許多職場專業經理人要跨足海外，追求自我的職涯發展。

傳統產業的轉型失敗，究其原因如下：

1. 經營者以人治為主，無法摒除家長權威式管理，導致組織「一言堂」的現象明顯
2. 政府長期獨厚科技產業，而忽視傳統產業
3. 近二十餘年來，未能吸引優質人才投入組織
4. 仍停留在成本的競爭，無力進入附加價值的競賽
5. 研發創新的動能不足
6. 欠缺國際競爭的能力
7. 長期倚賴大陸市場
8. 資訊化的腳步過慢
9. 面對亞洲新興國家的競爭，轉型升級更加困難

然而，台灣傳統產業也有許多令人振奮、轉型成功的例證，例如捷安特、美利達將自行車

從交通工具提昇爲生活休閒運動用品，轉型爲健康、時尚的象徵；誠品結合傳統書店及百貨零售服務與文創思潮，打造出兩岸三地的書香王國；王品牛排靠著經營者獨特的管理文化及高標準的工作流程及服務，造就年營收百億元的多品牌餐飲集團；法藍瓷將沒落的傳統瓷器賦予中西藝術元素，成爲中外人士爭相收藏的精品；85度C成功開創兩岸的連鎖通路商機，其他如精密機械、工具機及設備業等也都能在國際市場打下江山；這些都是將傳統商業模式結合社會趨勢、創新技術並提昇附加價值的成功故事，衷心盼望台灣傳統產業都能效法這些破繭而出的經典案例，提昇企業經營管理的層次與開創自有品牌的商機，除了讓企業能夠永續經營外，也能創造更多的就業機會！

科技產業的危機畢現

一九九九年九月二十一日，台灣發生九二一大地震，美國股市應聲重挫，因爲台灣是全世界重要的科技產品代工重鎮，如果地震造成竹科產值減損，全球科技產品將會缺貨。這個例子告訴我們，台灣的科技產業在全球供應鍊中是扮演最底層且最微利的「代工」角色，因此只能不斷「改善製程」、「降低成本」、「提昇良率」來賺取日益微薄的代工利潤，而諸多的中小企業也淪爲科技硬體產品的組裝廠，客戶可輕易的從BOM（Bill of materials）表中計算出產品的成本，同時給予有限的代工費用，尤其是國際買家採購都採用「中國價格」、「東南亞價格」來議價，這也使得科技產業在「人為刀俎，我為魚肉」的商業現實下，不得不外移中國大陸及東南亞新興國家，以無止境的降低生產成本來爭取生機。然而，不斷在市場價格競爭的壓迫下降低成本，除了影響產品的品質外，更排擠了研發創新的轉型契機；許多科技業的工程師們日以繼夜、挑燈夜戰，不是為了開發新產品，而是以無所不用其極的「cost down」來應付歐美客戶的砍價；科技業長期身陷「價格競爭」的泥沼中。

此外，科技產品少量多樣的趨勢及快速推陳出新的節奏，也讓所有科技業者在物料採購及庫存管控的機制上，遭致沉重的壓力與損失。

另外，由於科技業以研發為命脈，依據國科會的調查顯示，國內優秀研發人才極度欠缺，尤其是未來科技業將邁入行動裝置、雲端技術、軟硬體整合、生技醫療等領域，因此所有科技廠商均需才孔急，研發人力的嚴重不足，也使得產業的發展與成長受到很大的限制，加上科技業從二〇〇八年華爾街金融風暴後，競爭力大不如前，台灣知名的IC設計、筆電及手機品牌大廠營收及獲利均大幅下滑，許多新鮮人及上班族已不願投入工時長且壓力大的科技產業，台灣科技業是否能從「價格的競爭」邁向「價值的競賽」，並恢復以往的產業高人氣，值得後續觀察。

二〇一三年二月份《今週刊》的報導：聯想成為世界筆電新霸主，華為在智慧型手機市場擠下宏達電，甚至手握聯想、華為及Google訂單的中國歐菲光都威脅到市佔率百分之六十的觸控面板大廠宸鴻。中國的科技零組件大軍挾著雄厚的內需版圖及成本的優勢，大舉兵臨城下，而長期依賴蘋果加持的台灣供應鍊，隨著Apple產品銷售的下滑及面對韓國三星的強勢進逼，台灣科技產業供應鍊岌岌可危。我們擁有完整且成熟的科技實力，但危機與考驗正伴隨我們身側，稍一不慎，科技業即可能喪失競爭優勢，值得政府及業者審愼因應！

科技產業處境岌岌可危，原因如下：

1. 研發人力大量不足（台灣教育體制未能結合產業的發展與變化）
2. 從以代工爲主的型態轉向自創品牌的方向不易
3. 長期爲國際大廠代工，研發/創新能力不足
4. 大廠大量生產的模式，鯨吞中小企業的發展生機
5. 國際競爭白熱化，科技產品淪爲削價競爭的競價市場
6. 面對勁敵韓國廠商的競爭，個別廠商欠缺國家級的競爭能力
7. 少量多樣與微利化，造成科技產業嚴重的管理內耗
8. 大學理工科系新鮮人不再視科技業爲首選工作
9. 工時長、壓力大及不對等的薪酬條件不利留才
10. 中國大陸科技產業崛起，威脅代工業者生機

台灣半導體教父張忠謀仍看好後續五年台積電的營運發展，而台灣在觸控、雲端、通/視訊、行動裝置、生技等高科技廠商都摩拳擦掌，希望在歐債陰霾暫歇的時機，搶佔市場商機，科技業的榮枯主導台灣經濟的興衰；超越代工的層次、大力延攬國內外人才、加速開發及整合

新技術、宏觀的策略聯盟，才能讓科技業躍上「以價値爲導向」的獲利龍門！

台灣特殊政治環境影響經濟發展

「政治」是影響經濟最大的變數，台灣近年的政治亂象及嚴重分立的族群意識，造成了社會的動盪不安，而台海兩岸的政治角力更嚴重扭曲及影響了經濟的發展，同時台灣是世界上少有的，有「國格」及「國家認同」問題的地方，對國家定位及未來發展的不確定性，將凌遲扼殺經濟的命脈，而過度民主及脫序的選舉文化，也使得政治人物全然以勝選爲考量，浮濫的選舉支票及短視的政策，使得經濟發展欠缺長遠的前瞻規劃，在愈益競爭的國際化經濟戰中，及自由化、全球化的趨勢下，不利產業發展的種種因素，將使台灣經濟步入停滯甚至空洞化的危機。

有關台灣政治現況對經濟造成的嚴重影響，茲列舉下列數端：

1. 舉世僅有的國家地位及認同問題
2. 政治議題凌駕經濟議題
3. 欠缺長遠前瞻的經濟政策
4. 兩岸政治的角力及不可預期的戰爭陰影
5. 政治亂象/族群衝突影響投資意願及經濟的穩定發展

6. 政客收受賄賂事件頻傳，讓百姓質疑政治人物的操守及施政能力
7. 人民普遍對於施政不滿，並憂心未來的生計及個人福祉

社會瀰漫對經濟前景與個人生涯的疑慮及迷惘

綜合前述，產業、資金、人才的大量外移，形成了嚴重的產業空洞化危機。經濟成長的衰退使得失業率居高不下，再加上政治亂象，讓維繫社會安定力量的中產階層信心動搖，經濟衰退及產業大量外移伴隨而來的失業問題及愈益擴大的貧富差距，更滋生了各種的社會問題，使得人民的生計及社會的信心遭致重大的衝擊。

我們很難想像許多媒體的報導：失業導致的自殺現象頻傳，烤肉用的木炭必須「鎖櫃行銷」，並在包裝袋上印製警語，防止燒炭自殺事件；貧富差距擴大、上班族的薪資負成長，倒退十餘年、年輕人買不起房子、許多家庭繳不出小學生每月數百元的午餐費；社會上因經濟因素「不結婚、不生育」的現象普遍；我們不禁要省思：這是曾被譽為「世界經濟奇蹟」的台灣？這是「錢淹腳目」的台灣？

財政部公佈二〇一二年台灣出口總值為三千零一一・一億美元，年減百分之二・三，在亞洲主要鄰國中敬陪末座，全年進口二千七百零三・三億美元，年減百分之三・八，在亞洲四小龍中同樣排名最後，顯現了我們的經濟實力大幅滑落，而在油電雙漲的帶動下，民生物資價格

全面上揚，政府希望在施政上儘速讓人民有感，但仍止不住人民對官員的失望及抱怨。政府一再解釋是因為國際的大環境不佳，導致國內經濟的退卻，但是，從亞洲金融風暴、華爾街金融海嘯中浴火重生的韓國，其經濟的起飛是有目共睹的，韓國所展現的強勢國力及在歷次全球不景氣後快速復甦的力道，及以國家力量扶植三星集團，橫掃全球科技業的霸氣，令人驚歎；日本新政府為對抗「通縮」也大力祭出改革方案，主導貶值日圓的強勢作為，讓日本積弱不振的經濟注入一劑強心針。

二○一三聯合報公佈台灣選出的年度代表字，第一名是「假」字，而台大批踢踢（PTT）推出二○一四年度代表字，由鄉民票選出的竟是「慘」字，足見社會大眾對於食安風暴、政府效能、人民生計感到憂心，而萬物皆漲、惟薪水不漲的現象讓大衆無助，大家都殷切期盼能儘快撥雲見日、柳暗花明！

經濟不振、就業困難，使得痛苦指數飆高，主計總處統計二○一三年十五至二十四歲青少年的失業率為百分之十三，青年佔總失業人口比率居高不下，中高齡失業者謀職不易，這些嚴重的問題已危及社會、家庭及個人的生計與發展，同時社會普遍瀰漫對經濟前景與個人生涯的疑慮及迷惘，這樣的現象值得所有國人深思並尋找破繭而出的生路。

關於社會大眾對於生計及職涯前景的憂心，有以下數端：

1. 勞保退休金破產疑慮及退休保障年金縮水
2. 無經驗的應屆畢業生就業困難

3. 新鮮人起薪標準低，中高階薪酬兩極化
4. 企業使用派遣人力，排擠正職工作
5. 「高學歷，高失業率」現象明顯
6. 中高齡人士轉職難度高
7. 國內教育體制與產業發展失衡
8. 薪資凍漲、物價齊揚，大衆對於未來充滿無助與無奈

職場小叮嚀

反省與思考，是策勵我們前行的動力，
在職場上我們能不能「日新又新」，
能不能「突破限制」，能不能「開創新局」，
決定在我們怎麼想！
當我們成功時，我們欣喜的體會成功的甜美，
當我們失意時，我們靜思失敗的原因，
身在職場，我們不能不考慮現實、探索得失、追求理想，
在不停的淬鍊中，
我們才能建立正確的思維與態度，
勇敢的面對未來職場的艱辛考驗。

第二章 上班族的自我省思

嚴峻的就業市場

由於經濟發展的遲滯及國內產業升級的挫敗，再加以歐美不景氣的蝴蝶效應，近年來關廠歇業的廠商數屢創新高，而大量的產業外移，也使得國內正式邁入了高失業率的時代；一〇四人力銀行調查指出，有高達七成的應屆畢業生，就業發生困難，大專院校畢業生僅有六成願意立即投入職場，其他的不是選擇繼續升學，就是策略性延畢，在學校躲一陣子再說；此外，據天下雜誌二〇一二年十二月份公布的「兩岸九〇後大調查」顯示，兩岸大學生逾五成對畢業後求職前景感到不樂觀，而台灣大學生自評在亞洲年輕人的競爭力排名，遜於中國大陸、新加坡、日本、韓國與香港，顯見台灣大學生缺乏自信心，在職場謀生的競爭力令人憂心。

「高學歷，高失業率」的現象十分明顯，據主計總處統計，二〇一二年大專院校、碩博士畢業生平均失業率為百分之四．五八，高於平均失業率百分之四．二四，也高於高中職及國小的失業率（二〇一二年我國平均失業率爲百分之四．二四，十五至二十四歲失業率高達百分之十二．六六，大學以上失業率高達百分之五．三七）；台灣的大學院校年產三千五百位博士，碩士更是數以萬計，總計具有碩、博士學位者已達到百萬人，擁有碩士或博士學位的新鮮人，不見得有求職的優勢，從二〇〇八年的金融風暴迄今，每年大學生畢業謀職均十分不易，再加以企業組織用人精簡，因此高失業現象將成爲常態。

謀職不易不只發生在新鮮人身上，整個求職市場都發生工作機會減少，職缺數及求職者供需失衡的現象，這是一個嚴重的警訊，因爲當人民無法順利投入就業市場，將會造成許多社會問題，也會導致國家財政的困窘！

在經濟與職場環境的劇變下，所有的上班族應深入的了解我們所處的環境，雖然環境十分艱險，但是我們必須體認「環境不易改變」的事實，我們唯有期許自己能在艱困的環境中，培養工作中的不可取代性，以建立自己的職場舞台，才能在競爭的環境中，經營出自信精彩的職場人生。

工作與舞台——「你要的是工作？還是舞台？」

二〇一三全球工時調查報告，台灣勞工的工作時間排名第三，僅次於新加坡及香港，而工作時薪卻僅有新加坡的一半；忙碌的台灣上班族，在過勞的陰影及朝九晚五與責任制的灰色界限中，每天從熙攘擁擠的人群中，投身在各行各業；這是每一個人，離開學校後三、四十年，所共同要面對的場景，甚至於爲了工作，讓很多人離開了家人、耽誤了婚姻、犧牲了健康！

「我擁有的是一份工作？還是一個舞台？」

很多上班族也許不再想這個問題，甚至也分不清楚其中的差異，尤其是工作綠洲大量消失，能夠有一份工作、每個月薪資準時入袋，就心滿意足了！

在日復一日、週而復始的生活中，大家漸漸習慣了現有的節奏，只是許多人慢慢會發現，對於工作不再有熱情、企圖與創意，同時也逐漸失去了工作的意義與感動，於是抱怨愈來愈多，績效愈來愈差，公司的營運也在相互推諉及嚴重內耗的文化裏失去了競爭力！

要能將工作轉換成一展所長的舞台，有以下兩個基本的條件：

1.**擁有專業**：這個時代講究專業，也尊敬專業，大前研一曾說：「下班後的四個小時，決定一個人的成敗。」專業從下班後開始的意涵，即是職場工作者，本於自我的志趣，從熱愛工作中，多花心力，來形塑專業，這樣的專業力，是競爭力的基礎，也是找舞台的根本條件！

2.**找到識才的伯樂**：空有的一身武藝，如果找不到識貨的老闆，將會是職場的大災難！你是「人才」，但老闆把你當做「人力」使喚，終會有龍困淺灘的哀怨；美國心理學家威廉．詹姆斯曾說：「人類最深沉的需求，便是獲得賞識。」具有才華的人，會帶著他的才華，尋找他覺得最受賞識的地方！

職場中「工作」與「舞台」的掙扎與抉擇，永遠考驗著所有上班族的智慧與決心，「人生不是你想不想，而是你要不要」、「不怕輸在起跑點，贏在終點最重要」！對於職場中的你而言，終日辛苦奔忙的，是一份食之無味的工作，還是一個讓你熱情澎湃的舞台？

根據調查指出，由於經濟不振及政治的紛擾，台灣人民的信心指數急劇下降，痛苦指數不斷攀昇。在人力線上的調查報告中顯現，有高達八成四的上班族想另謀他職，尋找職場的第二春，其中又以四年級生最爲痛苦，想另謀發展的高達百分之九十三．八；七年級生主要以薪資因素欲轉換工作；五、六年級生以工作內容不滿意爲換工作的原因，而隨著年紀的增長，工作成就感漸成轉職的主要考慮因素。

外在環境的劇變使得大家的危機意識高漲；對生活、工作的滿意度降低，許多人都無法調適現況，再加上媒體的負面報導不斷，所有的上班族都有前途茫茫的感覺。然而，除了降低生活及消費的額度外，這個社會的改變是：因失業而走上絕路的人增加了、申請助學貸款的人數增加了、請領失業給付的人數增加了、遊行抗議爭取權益的場面司空見慣，憂鬱症成了社會上的流行病，但是，如何具體增強本身的競爭力，彷彿在上班族的身上並未嗅出太多調整的訊息。改變是十分困難的，這也是爲什麼我們知道「煮蛙效應」的寓意，但是大多數人還是不免成爲煮熟的青蛙，迷失在社會的洪流中。

在本書中我們將探討如何建立職場工作者的專業形象與能力，以提昇職場競爭力，本書選擇的各項主題及架構，圖示（圖2-1）如下：

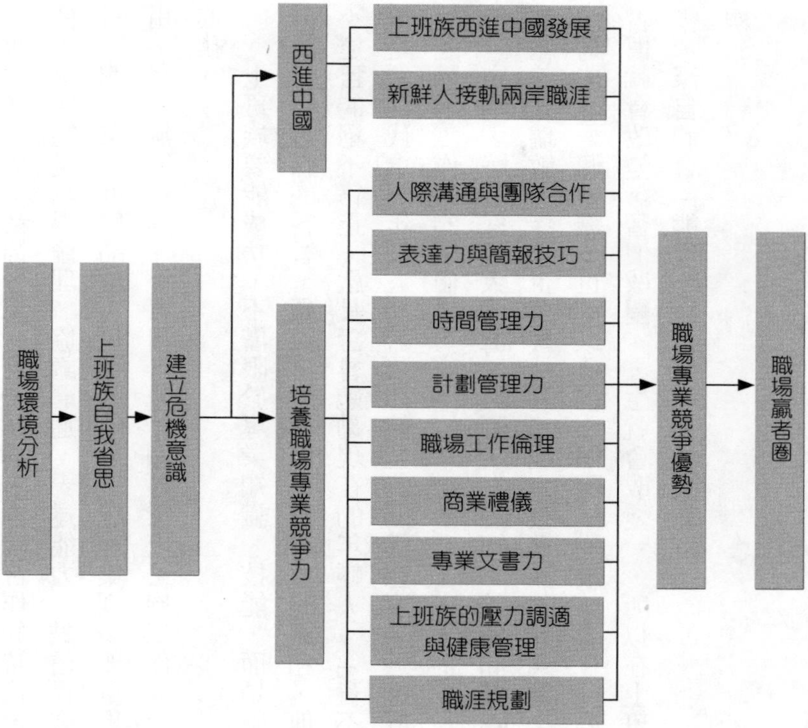

圖2-1　本書的主題及架構說明

期待經由本書，能讓職場上班族，有改變的動機，並促使自己完整的培育職場的競爭力及塑造專業的形象，在混沌的環境中，開創自我亮麗的職場舞台。

謹將所有上班族必須深切思考的議題，闡述如下，並深入探討其影響。

態度決定勝負

在這個多元的社會中，絕頂聰明與資質駑鈍者都屬少數，大多數人的聰明才智相當，但能在職場中成功的，憑藉的不只是能力，而是正確的工作態度與敬業精神，現在是一個講求團隊合作的時代，在組織中，個人能力只是最基本的條件；重要的是職場倫理、協調溝通、表達能力、誠信操守與開闊的胸襟。很多的企業組織重視員工的從業態度與品德，更甚於能力，統一集團榮譽董事長高清愿曾說：「有德無才，其德可用；有才無德，其才不可用」；一個專業上班族工作能力與工作態度都要兼備，才能在職場上勝出。

上班族要能成功，不僅限於專業知識、技能，而是堅持到底的做事態度，不論是郭台銘的霸氣、張忠謀的睿智、嚴凱泰的熱情、戴勝益的親和，他們的目標一經定下，不容任何打折，不達目的絕不終止。嚴長壽曾勉勵現在的年輕人：「肯不肯付出、肯不肯學習、肯不肯接受鞭策是新世代上班年輕人能否成功轉型的關鍵態度。」態度不僅決定專業人員的事業高度，也會決定職場工作者的價值。

中國大陸的家電大廠海爾集團，在短短十餘年間成爲世界級的品牌大廠，許多記者前去採訪總裁張瑞敏，探求企業成功的法則，張瑞敏強調「觀念革命」的重要性，心態與想法的改變能夠成就一個組織，也可以造就一個職場的成功者；「心若改變、態度就會改變；態度改變、習慣就會改變；習慣改變、人生就會改變」，所以在上班族的省思中，我們一定要在了解環境後，深自體會「態度」決定勝負的重要關鍵。

重新看待社會與職場

一位經營空運業多年的老闆，在面對景氣的衰退，不僅業績大受影響，同時所投資的房地產也不斷跌價，資產嚴重縮水，在自怨自艾之餘，終於能轉換心境，體會到面對現實才是重新出發的起點。在調整心情後，坦然面對現有的經濟狀況及生活方式，同時將以往政府的保護措施及金融炒作、房地產飆漲、股市失序等現象視為異常，而將現在的國際競爭及回歸樸實的生活方式視為正常，這樣的務實調整，使得他更加注重眞實的經營成本，同時訂定合理的利潤來與客戶做長期的配合，而且不再投機取巧、盲目投資。這樣的轉變，使他更珍惜現有的成果，同時在因應環境的調整後，能夠坦然面對挫折及營運的問題，讓公司重回穩健成長。

在不斷負面的報導中，戒愼恐懼的危機意識是十分需要的，但是在認清內外在環境的變化後，我們仍必須樂觀積極的向前看，如果只是每日浸淫在怨恨及負面的情緒中，恐慌心虛，只會延誤了前進的腳步。宏碁電腦集團創辦人施振榮曾提出「認輸才會贏」的觀念，他說：「每次在認輸之後捨棄一些東西，然後才能解決問題，開創新局，不認輸的話可能難有轉機。」目前我們的國家、社會、企業，乃至於家庭、個人都要有這種省思，我們應該痛定思痛，思索重新出發的契機。

天底下沒有不可能的事

我要再次強調「知易行難」的觀念，任何計劃，在書面的規劃後，「起而行」才是最重要的，如果你下班後仍是每天打開電視，坐在電視前四、五個鐘頭，或是沉迷於上網、打電玩，臨睡前才驚覺荒廢了學業或是耽誤了原先的計劃，日復一日，你的自我管理能力將蕩然無存。大多數人無法「改變」的原因，常常是因爲個人的惰性及無法對於理想持續堅持，過於的縱容及原諒自己，那麼對於專業能力的塑造，將永無達成之日。

傑克．威爾許曾說：「力圖改變，否則就太遲了。」改變是要從心裏願意調整，同時從小處著手，培養成功的情境，慢慢的朝向更大的挑戰邁進，才能轉換自己的心態及徹底改變自己的習性，本書後附表「挑戰21天」；是一個訓練自我管理及培養好習慣的工具，自我管理是需要堅持與毅力的，只有突破這個關卡，才能眞正的掌握自我、掌握未來，「不要老困在過去出不來，敞開心胸改變」，並養成好習慣，才能開創新契機。

多職能「π」型人是職場主流

商業周刊曾報導，現在已經沒有什麼金飯碗了，連醫師、律師、會計師、建築師這些過去受到執照保障，收入令人稱羨的行業，現在也因爲供過於求，競爭劇烈，一年不如一年。以往專業的能力是靠苦讀取得學歷或執照來獲取，但是現在連公務人員未來都可能步入新加坡的模式：從企業界取才，同時以任期制來達到績效導向的目的，甚至引進企業體淘汰的機制。所以，考試與證照制度還是要加上專業競爭力的強化，才具有就業的優勢。

在這個強調多元發展的社會中，要求專業之餘還要進行多職能的生涯規劃，從平時就要培養多方面的興趣，在職場中更要不斷的進修，認清環境的轉變，放下身段來發展自己多職能的生涯，如此更能強化自己的職場競爭力，除了在工作的績效得到肯定後，也能創造自己多彩多姿的人生！

台灣經濟的重要推手李國鼎先生，曾經勉勵年輕人要能在職場擁有兩個以上的專業能力，他以「一」來象徵個人應具備的橫向能力，包括對經濟環境、科技與管理的了解與認識，而以「1」來表示專業能力，「一」與「1」結合而爲的即是「T」型人；有一般常識又有專業知識。然而他認爲在二十一世紀只有一種專業能力是不夠的，大家必須要做「π」型人，要能在一般常識外，具備至少兩種以上的專業能力，這樣才能像「π」的兩隻腳，讓自己穩固的立足在競爭的職場中。

因此，職場的上班族在工作中接觸的各項工作與專案、或是人事異動的輪調及工作的轉換，都要隨時的提醒自我，投入工作的目的就是要能完全透析工作的內涵與意義，同時以有限的資源，努力達到最大的效益，要能在工作的過程中培養「專業」，才能增強自己的職場競爭優勢，並且在社會上屹立不搖。

成敗取決於執行力

「執行力」（Execution）一書中，開宗明義即提到「沒有執行力，就沒有競爭力」，無論是企業或個人都是如此，執行力是達成目標的唯一途徑，在「從A到A+」及「執行力」兩書中，都強調組織「找對人」的重要性，而在企業組織都將「找對人」視爲人才選用的最高指導原則時，我們不禁要自省「我是不是對的人」，本書所強調的職場中的專業能力，也要靠個人的執行力，才能讓職場工作者得以成長，如果空有想法，而不能一點一滴的付諸執行，那麼永遠無法邁向成功。

二十四小時工作，不退休的年代

競爭環境下，工作成爲人生拼圖中不可或缺的部份，不論是爲了生活、爲了名利或是自我實現，工作在理想與現實間永遠佔有一席之地，尤其是當社會愈來愈多元，工作能夠以不同的面向，融合在我們的生命中，讓我們在不同的階段受到社會及自我的持續肯定，讓價值在工作中不斷的昇華到與生命融爲一體，而這樣的角色扮演，從營利、志趣到公益，有著不同的階段及組合，但終究在這樣的泛工作思維影響下，退休這件事將離我們愈來愈遠！

資訊科技讓二十四小時工作及不退休年代的圖像愈益清晰，人們的工作與生活完全的揉合在一起；個人經濟、成長、定位及來自他人與自我的尊重及肯定，都完全的在工作與生活的合體中不斷循環！

當你的職涯字典中不再有退休，爲了能夠從容快樂的遨遊在職場中，你必須找到努力的方向、要多元的發展自我、要視跨界爲必然，在不同的階段找到屬於自我安身立命的新價值。

我們不能離群索居，最多只能與現代社會保持若即若離的關係，而由充實生命及擁有定位的人類需求中，配合多元價值及專業分工的社會型態，在網路串連的全球平台中，不退休的年代肯定比以前有趣得多。只是，面對這樣的改變，能夠將不退休的生命，從年少到白頭，都能點綴繽紛亮麗的色彩，首先你要將「退休」這個字眼從職涯字典中刪除，接著，欣然接受工作中的挑戰與挫折，不斷的在職涯中發現新的出口，每一個角色都有令人感動的肯定與啓示；你會發現，不退休、不斷追求自我存在的價值，將是你人生中最美好的堅持！

上班族成功的關鍵因素，經整理列表（表2-1）如下，上班族如能在自省的過程中，強化成功關鍵因素的執行力，一定能增進自我的信心與優勢！

表2-1 上班族的關鍵成功因素

項次	成功關鍵因素	解析
1	認識自己	了解自己的優缺點／認知自己的興趣與能力
2	建立目標	目標必須具體、明確、可行
3	保持熱情與堅持	對目標要有熱情與強烈的企圖心，熱愛工作並積極投入
4	訂定週詳的書面計劃	訂定數據化／進度明確／可行之書面計劃
5	擁有專業知識	專業技術和知識是成功的基礎
6	激發創意思考	形成差異化與提昇附加價值，從紅海思考邁向藍海思維
7	自我激勵與調適	忍受挫折與自我激勵，並在過程中成長
8	圓滿的人際關係	樂於與人相處、待人誠信親切，有良好的關係管理能力
9	力行團隊合作	能在團隊中與人合作及善用團體的力量，尊重團體規範，達成團隊目標
10	養成良好的習慣	養成好習慣是成功的基礎
11	優質的時間管理	時間管理即是自我管理、善用有限時間，創造最大效益
12	終身學習	隨時保持學習的精神，有計劃的充電
13	維護健康與休閒	做好休閒與健康管理，讓工作與生活平衡發展
14	秉持「誠信」的態度	誠信是奠立職場基礎的重要基石
15	貫徹「執行力」	凡事貴在執行，坐而言，不如起而行

職場小叮嚀

要成爲一個具有競爭力的上班族、
要能在職場上擁有自己的舞台，
就要能塑造自我的專業形象，
從工作態度與敬業精神出發，並強化專業知識；
更重要的是鍛鍊自我的個性競爭力，
在不斷的試鍊中，自我培育與養成；
「想要」要不到，
具備「一定要」的旺盛企圖心，才能實現理想。

第三章　如何成爲具有競爭力的上班族

達爾文在進化論中的名言：「在大自然中能存活下來的，不是最強的物種，也不是智力最高的物種，而是最能適應變化的物種！」

在瞭解了外在環境的變化與自我省思後，面對高失業現象及高度競爭的職場現況，我們除了培養敏銳的社會觀察力外，最重要的是要能塑造自己成爲一個具有競爭優勢的職場尖兵，尤其是當前國際化及兩岸人才競爭的趨勢下，職場工作者更應開始建立及培養正確的職場觀念及強化各種工作中的基本技能，以期能結合專業，奠立職場的良好根基。

要能塑造專業形象，就必須在工作態度、敬業精神、商業禮儀、人際關係、時間管理、文書表達力等各方面增強自身的實力，才能在職場中提昇競爭力；切莫在不景氣的洪流中，淪入「水煮青蛙」的情境中，職場的從業人員應藉由平日正確觀念及習慣的養成，塑造自我具備積極、認真的競爭特質；謹就本章主題做以下的概述：

思考投入（從事）工作的考量因素

現在的工商社會結構分工極爲細密，工作種類十分多元，秉持自己的特質及志趣來選擇投入工作的領域，才能夠養成興趣與專業；要能夠在職場中發光發熱，「走對路」是首要的因素，因爲只要「路走對了」，再遠的目標也會到達；若是投入了與興趣不符的工作，那麼努力的動力可能因此不足，也難免「見異思遷」、「一山望向一山高」，如果不斷在職場中頻繁轉職、就像登山一樣，若不能堅持挺進，終究不會有登峰造極的一天。

許多大學生及社會新鮮人，對於要從事的工作領域一知半解，或是完全沒有方向，自然會對前途感到迷惘；張忠謀先生曾在輔大的演講中提到，大學期間要能培養「邏輯思考」、「終身學習」及「謀生技能」等三種能力，其中又以「謀生能力」最重要，因此大學時期要多利用機會藉由實習、參訪、打工、產學合作等機會與職場進行接軌，並多向師長、職場專業人士及畢業的學長姊請益，除了及早了解工作的內涵，也能利用機會驗證自己的志趣所在。

選對行業與工作，是成爲優質職場尖兵的首要關鍵，謹以列表（表3-1）方式，說明投入（從事）工作的考量因素，供讀者參考：

表3-1　評估投入工作的考量因素

考量因素	考量內容要點
個人自我的特質	個人的外形、性格、志趣、喜好 個人的專業與專長 個人的體能與身體健康狀況 工作的目的與生命的目標（個人價值觀與對工作的認知） 自己想要的工作型態及工作特性
所擁有的資源	家庭背景／家族成員職業與專長 人際網絡與人脈資源 財力資源 擁有的經驗與歷練 能掌握的資訊與機會
外部環境的狀況	欲投入工作（領域）的發展與前景 社會或組織對此一工作的需求狀況及評價 所承擔的工作挑戰與此產業／領域的競爭狀況 科技及社會發展對此一工作（領域）的影響
工作條件與經濟因素	工作要求的專業及所需的條件因素 投入工作的型態與時間 薪資／報酬與昇遷 工作報償與未來生活條件的相稱性
影響家庭的因素	兼顧家庭生活的考量 家庭經濟的需求 親朋好友的期望與預期
生涯規劃與發展	工作發展的多元性 階段性的成長需求及職場轉換的考量 人生目標的實踐 多職能工作拓展及跨界發展機會

當前企業組織的重要特性

新經濟時代，產業的發展也邁向了新的領域，要能在職場中有一番作爲，必須要能了解目前企業組織的特性，並融入在想法與行爲當中，才能在組織團隊中成爲一個受到重用的職場上班族。

1. 重視Team work的工作導向，強調有效率的溝通協調

英雄主義的時代過去了，在這個「競速」的時代中，企業組織要「管理好」、「速度快」，才有獲利的機會，因此高效率的Team work是成功的重要關鍵，而有效率的「溝通協調」是「加速」的最重要基礎，藉由Team work的運作，自然能形成團隊合作的企業文化；明基總經理李焜耀將員工分爲四類，第一類能力好，認同組織文化，第二類能力普通（可加以訓練），認同組織文化，第三類能力好，不認同組織文化，第四類能力不好，也不認同組織文化，其中第三、四類人是列入淘汰的對象，因此，除了能力好壞，尙必須加上協調溝通、團隊合作的理念與認知，才能成爲一個對組織有貢獻的上班族。

在職場中身爲主管，要能以帶領團隊、達成使命爲職志，所以能勝任主管職務的，除了專業的素養以外，領導、溝通、激勵的能力更爲重要，而部屬則應服膺主管的領導；能夠做一個稱職的部屬，是未來成爲主管的基礎條件。

目前部份的企業組織中，跨部門主管間的內鬥嚴重、派系壁壘分明，使得組織各項工作的

運作，因為「人」的因素而無法有效率的執行，嚴重的「內耗」將會使得組織在面對外部挑戰與內部問題時腹背受敵，這樣的團隊是不可能創造優異的績效的。

2. 重視過程也重視績效

工作的過程與績效互為因果，好的流程再加上良好的溝通機制，可以肇致卓越的績效，所以過程與結果同等重要，只重視結果，而忽視了執行的過程，那麼工作執行的紀律便無法建立。許多組織因為「人」的不同，因人而異訂定了不同的行事規範與標準，乍看之下，彷彿是靈活彈性的表現，但是一個組織如果不能建立堅實的基礎作業規範，是無法成為一個紀律的團隊，而因人設事的結果，只會形成一個規範不確定、作業無共識的結局，除了工作的績效大打折扣外，也無法形成紀律嚴明的組織文化。

3. 持續不斷的組織e化，以資訊工具來強化管理的效能

工作繁重又要人力精簡，是微利時代組織發展的趨勢，而電腦化的系統工具可以協助企業達成這樣的目的，因此企業組織不斷的以資訊工具來強化管理與速度；未來的企業經營是管理的競賽，更是科技的競賽。

4. 以創意、管理及速度來獲取利潤

大量生產的時代不再，所有的商業活動都在尋求分衆與差異化，創意展現在經營管理的各層面中，不論是產品、服務、通路、研發、生產與管理都講求創意，而有了好的創意，必須加上管理及速度，才能擷取商機，這也是「知識經濟」的特性。

5. **朝向跨國合作及國際分工邁進**

網路與行動通訊的高度發展，快速的拉近了世界的距離，國際合作與分工是企業經營的主流，人才、通路、產品與服務的國際化，是企業組織必須面對的策略模式，也是商業經營無可迴避的趨勢，因此國際間的企業合作與併購方興未艾，未來在因應日益競爭的大環境，國際間同業/異業的交流與重組必定更爲頻繁，而組織所面對的不同文化差異與工作流程整合也是極大的挑戰。

6. **實施差異化管理**

不同的產品、不同的客戶、不同的人才、不同的區域，差異的管理是要能激發最大的績效；而達成更好的服務，相對的成本也愈高，差異化與量身訂做的思維是競爭的基礎，在成本與優勢中尋求突破，是組織成功的重要課題。

7. **重視訓練及學習**

環境的劇變，優質的人力是組織獲勝的重要因素，而不斷的訓練與學習，能夠強化人員的本職學能，並營造學習型組織，因此在強調「知識即力量」的競爭市場中，永續經營的企業組織，在教育訓練的規劃與投入是極爲重要的。

8. **重視個人的誠信、工作態度與敬業精神**

在這個功利的社會中，誠信是組織與個人成敗的關鍵；企業要有商業道德並善盡社會責任，個人必須有職場倫理，並維護良好的品行與操守，許多知名企業，如台積電，其重視員工的誠信遠甚於能力；要能在職場中有一番作爲，個人的「誠信」必須能經得起時間與環境的考驗。

失敗職場工作者的問題分析

職場的競爭愈來愈劇烈，要能在職場中屹立不搖，同時營造自我的競爭力，許多的工作缺失必須能自我惕勵與克服，針對職場失敗者的問題整理彙整如表3-2，期盼上班族朋友都能自我內省並加以調整及改善。

培養職場的個人競爭力

除了瞭解當前組織的特性與失敗職場工作者的問題之外，要能成爲一個有競爭力的上班族，以下有幾個觀念與重點與讀者分享：

1. 貫徹主管的企圖心

企業組織以營利爲目的，在組織的體系中，目標的佈達是由上而下的，因此一位稱職的職場工作者，貫徹與落實主管的指令是最重要的，能夠貫徹主管企圖心的人，一定是主管的好幫手，也一定具備高度的「企圖心」與「執行力」，在工作的執行中有下列三個工作程序及重點，值得上班族奉行。

表3-2 失敗職場工作者的問題分析

區分	類別	避免及需改善的狀況
自我管理面	出勤管理 個人儀態與談吐 品德	遲到早退／請假頻繁／開會逾時出席／會議進出頻繁 服儀不整／出言不遜／行為舉止不當／禮節不佳／不尊重企業倫理／無道德勇氣 欺騙／偽善／背棄操守／違反倫理
態度面	責任心 企圖心 修養氣度	諉過卸責／逃避責任 不願承擔責任／工作得過且過 無法承受壓力、忍受挫折能力低 胸襟不足、氣度狹小 態度傲慢、自視過高／擺架子、無法放低身段 易怒、情緒管理不佳
工作面	工作執行與績效	不服從主管領導 未訂定書面計劃及進度 未進行合理的成本控制 不能隨時向主管報告工作狀況與進度 工作效率差／工作績效不彰 未能針對缺失檢討 不能保守工作機密
團隊合作	團體規範 團隊意識	不遵守團隊規範及制度規章 自我意識強烈／我行我素／不能融入團體 表裏不一／人前一套、人後一套 不能遵循會議決議
溝通協調		人際關係差 惡意批評、中傷與負面情緒、批評／打擊他人 組織派系及挑起爭端 對人不對事 受害者情結
學習面		停止成長及學習 對於不懂的事，不能虛心請教 不願分享經驗、傳授技能與知識

＊要知道組織／主管要什麼［清楚的了解組織（主管）交付的目標與計劃］
＊要讓組織／主管知道「你要做什麼」（依目標製作書面的工作計劃，並告知主管）
＊要讓組織／主管知道「你做了什麼」（適時報告進度及工作成果或問題，以利主管掌握狀況）

2. 培養核心競爭力

所謂的核心競爭力並非專指國貿／法律／會計／電機等專業知識，而是指溝通能力／領導能力／團隊合作能力／關係管理能力等等。

哈佛大學心理學博士、《ＥＱ》作者丹尼爾．高曼曾經說過，「一個人的成功，ＥＱ（情緒智商）佔百分之八十的關鍵，ＩＱ（專業能力）只佔百分之二十」，史丹福研究中心報告指出：「你賺的錢百分之十二．五來自知識。百分之八十七．五來自關係」、「百分之九十五被解雇的員工，是因人際關係不佳，百分之五因技術能力低落」。我們不單只是在能力與知識上加以鑽研，還要將時間、精力與金錢重新做一番調整，多投資在溝通、領導和團隊合作等核心能力的增進上；一個成功的職場工作者，必須能全方位的培育自我，才能在困難複雜的職場環境中應付自如、游刃有餘。

3. 專業的競爭與個性的競爭

由社會成功的人士中，可以深入體會其成功的特質，在個性競爭力的培養上，較之專業能力的培養上難度高很多；所以成功的職場人士一般都擁有過人的毅力及堅持到底的好習慣，這也是爲什麼社會上「努力的人很多，而成功仍屬於少數人」的道理，王永慶、張忠謀、郭台銘、王雪紅、嚴凱泰、戴勝益等企業家都有不同於一般人的個性競爭力；成敗與個性休戚相關，因此如果我們能夠在一次次的工作歷練中，藉由成功與失敗的經驗來培養鍛鍊自我的個性競爭力，我們就能成爲職場的贏家。

4. 忠於工作

由於社會多元的價值觀，及個人意識的高張，在現在的企業組織中，員工的忠誠度愈來愈低，然而員工只要能對所擔負的工作負責，那麼就能達成組織的目標，在現在的環境中，與其要求員工對組織忠誠，不如要求其「忠於工作」，對於組織的職掌充份的發揮專業，一方面可以具有工作的經驗，又能夠達成企業的任務，能夠「忠於工作」，是成爲一個專業上班族最基本的要求。

「想要」與「一定要」

在自我省思及瞭解個人的優缺點後，自己是否能勇於改變，往往是能否突破成長、邁向成功的關鍵。就像許多人從小立志寫日記，及大多數人從學生時期下定決心學好英文一樣，而成功者闕如；我們想要做的事情太多，但是付諸執行的太少，這也是我們常說的：「知易行難」、「凡事貴在執行」的道理，因此可見，成敗的關鍵在於執行的決心及行動力，坊間許多勵志及教人成功的各類書籍，書中內容相仿，閱覽再多，離成功還是十分遙遠，就是少了「行動力」；因此，堅持的執行力才是達到目的的重要因素。「想要」要不到，有「一定要」的精神，才能完成理想、實現美夢。

成為具有競爭力的上班族

在工作職場上，所有的上班族都必須盡情的發揮自我的能力，在工作上一展所長，才能擁有自信與成就，並獲得肯定與尊重；然而工作的時間一久，許多人往往因為工作的熟稔，選擇敷衍了事、逃避及放棄成長；在現在的環境中，大多數人必須在職場上工作三十年甚至四十年，職場生涯佔了我們人生的一半，因此，我們必須要有隨時自我惕勵、重新出發的動力；驅策自己不斷的學習與成長，同時隨時重新出發。

環境在快速的轉變，我們不能還是用五年前、十年前的方法與心態工作，如果我們能深刻體會環境的劇變，並能建立正確的觀念與態度，同時能充實強化職場中應有的各項觀念與能力，就能夠成為具有競爭優勢的職場尖兵，即使是在險惡的環境中，也可以開創一片屬於自我的職場新天地。

「吾心信其可行，則移山倒海之難，終有成功之日；吾心言其不可行，則反掌折枝之易，亦無收效之期」，與各位讀者共勉！

職場小叮嚀

在失業率居高不下、畢業即失業的氛圍中，
職場新鮮人面臨空前的就業挑戰！
離開校園後，新鮮人即將面對未來三、四十年職場的嚴峻考驗，
有危機意識、能以體力換經驗，就能快速與職場接軌！
長江後浪推前浪，世代傳承是企業經營必經的過程，
棒子交到新鮮人手中，就看各位怎麼跑！
別怕輸在起跑點，贏在終點最重要！

第四章 新鮮人如何打贏職場第一仗——企業錄用新鮮人的十個原因

每年五至十月份是新鮮人投入職場找工作的旺季，大量的應屆畢業生如潮水般湧向就業市場，近年來由於大學生供過於求，所以找工作變得十分困難，媒體報導有新鮮人投遞了數百封履歷，都還得不到面試的機會。

對於初入職場的新鮮人來說，企業如何篩選新鮮人，新鮮人又該如何把握機會，打贏職場的第一仗，以下謹將企業評選新鮮人的十項重點分述如下：

五秒鐘過濾學校與科系

面對大量的求職履歷，企業的人資人員，對新鮮人設下的第一道門檻，就是學校與科系，因爲每一家企業都有聘任新鮮人的經驗，也對大專院校有各自的評價，因此初篩履歷的第一步就是根據學校與科系來過濾，企業會依據自我的組織特性，選擇合適的學校學生，也會依職務所需，遴選學士或碩士畢業生，至於畢業科系，除非是招聘以業務爲主的職務，如房仲業務、理財專員、客服人員及各行各業第一線的銷售人員外，大部份的專業職缺，幾乎都會選擇相關科系畢業的新鮮人，例如人資職缺以人力資源、心理等系所爲主；工程師須爲電子/電機等理工相關科系畢業；媒體工作找新聞、廣告、語文等系所學生；財會工作以會計、金融、財經系所優先。因此如果新鮮人欲以所修習的科系在職場上發展，可以參考學長/姊的發展經驗，找尋合適的工作機會。

具誠意的履歷，才有面談機會

一〇四人力銀行曾邀請各行各業的人資主管評價新鮮人的履歷，得到的結果是「不及格」，許多新鮮人的履歷辭不達意、錯字連篇、沒有重點，此外在可以充分表達自我優勢、工作企圖及未來發展的自傳欄位，只草率的寫了兩三行，這樣的應徵履歷，不僅不尊重自己，也不尊重企業，下場往往是被人資人員刪除或投入碎紙機，因此，仔細用心的寫好一份具誠意、有品質的履歷表，才能順利跨出求職的第一步。

關鍵三十分鐘——面談要能展現專業與企圖心

面試是求職的重要關鍵，公司面談的主要目的是驗證求職者「能做」——有工作的專業知識與經驗、且「願意做」——具工作的強烈意願與企圖心，所以新鮮人在參加面談前一定要做好功課，蒐集企業的背景、產品與發展現況，並在主考官要求自我介紹的三至五分鐘，充分展現自己的所學與專業能力，最重要的是強烈的工作意願與企圖心。新鮮人是一張白紙，也都齊頭平等的站在職場的起跑點上，如果學歷背景相仿，企業會將工作機會留給最具工作意願與企圖心的新鮮人，因為自發主動的元素，是做好工作最重要的基礎！

重視工作內容比薪酬重要

一個初入職場的大學畢業生，薪酬約在新台幣二萬五千至三萬元間，因此相較於工作內容的重要性而言，幾千元的差異是微不足道的，因為十年後你能不能跨入百萬年薪俱樂部，決定的不是初入職場的薪酬比別人高幾千元，而是有沒有能淬鍊專業、學習技能與知識的工作機會，企業尋找具有潛力的新鮮人，如果你具有大將之風、能承擔比別人困難的工作任務，絕對是企業急欲延攬的明日之星！

穩定性是企業最重視的特質

企業任用新鮮人，無可避免的必須在前三至六個月投入極高的培訓成本，因此如果企業嗅到任何你顯現的不穩定特質，所有公司都不會錄用你，以免投入的訓練成本落得血本無歸的下場，這些不穩定的特質包括職涯方向不明確、自信心不足、好高騖遠、不誠實等，所以新鮮人的第一份工作，應抱定至少工作三年的決心，除了爲自己紮下穩固的專業基礎外，也是對企業負責任的表現，「穩定性」是公司選擇錄用新鮮人的重要指標，也是考驗應屆畢業生能否順利邁入職場的關鍵因素！

溝通協調與團隊互動能力

企業講求團隊合作，所以有社團、打工經驗的新鮮人，同時能夠有具體的事蹟，例如擔任社團/班級幹部，實際帶領團隊活動，能承擔責任及具服務精神；有打工經驗，而且在打工期間能獲得企業主表彰獎勵者。這些具體的事證都能讓企業解讀爲個性積極、勇於負責、有服務熱忱、具協調能力及團隊領袖的特質。

新鮮人尋覓第一份工作的過程中，具備溝通協調及團隊互動的能力，是企業徵聘作業過濾的重要關卡，尤其是許多組織會愼選培養「儲備幹部」的人才，團隊溝通能力更是遴選的重點。

重視績效

社會新鮮人到了職場，唯一能讓你在職場上立足的元素，就是「績效」，所以企業會檢視你能否承受壓力及達成使命，是不是一位有效率且具有高績效特質的人才，所有的新鮮人在進入職場時，就要清楚的認知：「在競爭的商業舞台上，每位職場尖兵都是拼勁十足的狼，如果你想要與狼共舞，你就要成爲狼，如果你是羊，只有被吃掉的份！」

具體的工作績效，是漫長的職場生涯中，讓你有成就感、受人尊敬且無可取代的最關鍵項目。

自律

現在的大學生自我管理能力薄弱，很難適應快速運行的公司組織，所以企業會找尋自律能力好的新鮮人，透過求職者學生時期的學習經驗、自我生活的安排、興趣的養成、甚至體態/體力的鍛鍊及服儀裝扮等，都可以觀察新鮮人的自律能力。步出校門的新鮮人，要能終結學生時代的鬆散心態，加強自我管理的能力，因爲，從現在開始，你的未來沒有師長及同學的幫助，必須完全由自己掌握！

住得近，有優勢

所有企業的人事人員都曾處理過員工因交通問題而離職的案例，尤其是新鮮人，由於薪酬不高且忍受挫折的能力較低，所以如果有能力相仿的新鮮人可供選擇，企業偏重錄用居住地點距公司較近者，除了有利於工作需要的加班外，也考量新鮮人薪資有限，無法支應交通所耗費的過多時間與金錢，因此，如果沒有傲人的學經歷，而欲應徵距居住地較遠的公司，除非表明遷居或租屋的意願，否則投出的履歷，很可能會石沉大海！

語文能力與接受外派爲求職加分

國際化的潮流及趨勢，帶動了企業的全球佈局，有外語能力及能隨時接受外派中國、東南亞等新興國家、甚至長駐歐美等地，具開疆闢土能力的新鮮人，是職場上不可多得的戰將型人才，不論你現在是否具備這樣的能力與心態，在「世界是平的」的氛圍下，新鮮人要擴大視野、接軌國際舞台，這絕對是無可迴避的挑戰！

我們面對的是一個愈來愈多元的社會，任何人都可能在不同的領域成功，而成功背後的關鍵因素，絕大部份都是相同的！新鮮人走出了校園的舒適圈，面對未來三、四十年嚴酷險峻的職涯挑戰，第一步是起點也是試鍊，職場上後浪與前浪相互衝撞，只會激起更劇烈的競爭浪花，棒子交到新鮮人的手中，目標就在前方，現在就看自己怎麼跑！

職場小叮嚀

世界是平的，面對中國經濟的快速成長，
有百分之五十的中高階主管將西進中國列爲必要選項！
新世代年輕人有百分之九十不排斥赴大陸工作！
三十年來台商、台幹前仆後繼前往中國打拼，有成功、有失敗！
認清西進中國的機會與風險，
才能立於不敗之地，並將兩岸納入自己的職涯版圖！

第五章 上班族西進中國的機會與風險

上班族西進中國的主要原因

中國改革開放後，兩岸的經濟交流與互動日益密切，從早期傳統產業面臨台灣各項成本的高漲及考量中國落後台灣三十年的情況下，前進中國延續產業命脈；緊接著以代工爲主的科技製造業，也爲了提昇成本的競爭力而前進中國；此外，近三年來兩岸同樣實施擴大內需及扶植服務業的政策，再加上中國已從「世界工廠」轉型爲「世界的市場」，大量服務業從零售、量販、餐飲、住宿、服飾等連鎖、通路廠商，前仆後繼西進佈局，目前中國已是台灣最大的貿易伙伴，台商西進也帶動了上班族赴陸工作的風潮，對於台灣上班族而言，在全球化趨勢及台商深耕中國市場的現況下，將職涯的發展從台灣延伸到中國，甚至於東南亞國家，已是職涯中的必要選項。

台灣就業市場供過於求

依主計總處近年的調查報告，在台灣的就業市場有兩個失業率最高的族群，一個是大學新鮮人，因為供過於求，所以謀職不易，另一個是則是四十五到六十四歲的中高齡人士，這個現象突顯了台灣的就業市場無法滿足上班族充分就業的需求，此外主計總處在二〇一三年公布的受僱員工薪資調查，薪資所得已倒退回十五年前的水準。

二〇一三年全球企業執行長首選十大投資市場，大陸得票比率百分之三十一，排名第一，另根據全球管理諮詢公司Hay（合益）集團針對全球二萬多家公司的研究統計，二〇〇一年到二〇一一年的十年間，新興國家的企業高層主管薪資成長最高的是中國，達到三．五倍；歐洲商會在二〇一三年初發布的台灣薪資與就業展望也指出，台灣廠商在薪資的調幅約在百分之三至百分之四，不及中國企業的平均百分之七，且據報導大陸本土企業經理級的年薪二〇一三年可望達到新台幣二百萬元，將超越台灣中階主管的薪酬，且繼科技業人才西進後，中國萬達集團等企業祭出一百至三百萬人民幣價碼，挖角新光、遠東、太平洋等百貨集團高管。台灣人才西進中國的原因，依一〇四人力銀行的調查，提昇薪資排名第四，第一、二名分別是寬廣職涯發展及看好中國商機，先行卡位！

對於找尋職場出口的上班族而言，中國大陸具有經濟及薪酬高度成長的雙重優勢；據調查顯示，台灣有超過百分之五十的三十五至四十五歲的專業經理人有意到中國發展，而三十歲以下的年輕世代也有高達百分之九十不排斥到對岸工作，這也呼應了歐洲商會的調查報告：「中國大陸是專業人才離開台灣的首選目的地」。

看好中國商機，尋找職場出口

面對中國的崛起，大陸對於台灣企業、資金、人才的磁吸效應，一直是產官學界熱衷探討的話題，尤其二〇一二年中國大舉放寬台灣人民赴陸工作比照國民待遇的政策，及訂定兩岸投保協議等措施，對於台商及台灣上班族到中國經商或工作的保障又向前邁進了一大步！然而在上班族西進的數十年間，也發生了許多變化，值得在此與讀者分享。

兩岸服貿協議的趨勢與商機

中國大陸已從「世界工廠」邁入「世界的市場」，近年中國經濟實力的上揚及大幅調漲基本工資的政策，使中國人民的消費力大增，中國已是奢侈品消費成長最快的國家，其內需市場更是發展蓬勃，名車／名表／鑽石／服飾等世界知名品牌，都紛紛搶進中國市場；台灣的服務相關產業在兩岸服貿協議簽訂後，不論在產業及人才的發展上，都有更大的商機與空間；從世界貿易組織（WTO）的報告顯示，全球各式各樣的服務貿易正快速擴大，十年之間全球的服務輸出已由一・三兆美元，翻倍成長至三・六兆美元，而這也是台灣欲發展「高價值勞力密集產業」及「服務貿易」的方向，也將是服務型產業引領風騷、大步前進的重要契機。

批發零售、連鎖經營、物流、通訊、醫療、金融等相關服務業未來將在兩岸有更寬闊的發展機會，其中又以零售、餐飲、金融等行業的商機最大，這也將帶動另一波人才的崛起，依一○四人力銀行的統計，目前線上的四十五萬個工作機會，其中與承諾開放的十二大產業相關的計有十八萬個工作職缺，比重達到四成。其中又以零售業工作機會最多，高達四・三萬個，其次是餐飲業三・八萬個，而金融、批發、醫療服務業的工作機會也是明日之星。

台灣服務業已大舉進軍中國市場，不論是直接切進上海、北京等一級城市，或是採取鄉村包圍城市的戰略，從餐飲、連鎖、量販、物流、服飾、飯店、補教、營建、文創、資訊、電信，幾乎是百家爭鳴、百花齊放，前仆後繼前進中國，而在人才部份也從以往的生產大軍轉型爲服務大軍；前往中國工作的年齡層也從三十五至四十五歲下降至三十至三十五歲，同時女性上班族快速成長，也突顯了服務業的人才特性，年輕世代未來的職涯機會，將隨著服務商機的崛起，在兩岸服貿的引導下，形塑個人嶄新的職涯舞台。

西進發展首重專業能力

無論是傳統、科技產業或是服務業，在中國的台商無法避免的實施「人才在地化」的策略；目前許多上市櫃公司的大陸據點，其總經理及高階主管都是大陸人，甚至許多台商為了穩定人事，對於中國幹部及員工祭出配股、分紅等留才措施，相較於許多階段性任務完成的台幹，在台海兩岸的職場中進退維谷，難免讓人不勝唏噓，昔日台商西進初期，台幹坐擁兩倍年薪、配車、配房的高規格待遇已不復存在，同時中國已成為全球高度注目的火紅市場，各地高手紛紛摩拳擦掌，準備在中國大展身手，因此上班族西進中國的第一件事，就是審慎盤點自己的資歷與能力，具備專業的技能才有機會在中國一展身手，否則只會落得鎩羽而歸的窘境！

中高階主管與專業人士是西進主力

台商／陸資或是外商在中國搶占市場，心中想的是如何快速站穩腳步，而台灣具專業經驗的經理人，由於具備兩岸的地緣關係及文化語言的優勢，自然成為廠商積極延攬的對象，不論是製造、品管、研發、業務、行銷及通路、連鎖等專業人才及高階的經營管理者，中外廠商均全力挖角，年薪從數百萬到數千萬新台幣，甚至有陸資為了禮聘台灣研發高手，將年薪的幣別從新台幣換成人民幣，相當於用四、五倍高薪挖角，對於台灣人才備受青睞的現象來看，我們一則以喜、一則以憂，喜的是台灣歷經五十年經濟發展的成果，的確養成了大批具備管理及技術的人才，憂的是這些人才很難在台灣安身立命，必須遠赴他鄉，到中國及東南亞各地去打拼。

人才國際化是世界的潮流，如果我們以此自勉，能夠靠著專業能力走出去的職場工作者，的確是全球化趨勢的主流；相較於與世界接軌的中高階經理人，初入職場的社會新鮮人，要想到中國打拼，機會可能尚不成熟，因爲中國大陸每年七百萬的大學畢業生也有近半數無法順利找到工作，對岸的大學新鮮人平均每月只領三千元人民幣，相當於一萬五千元新台幣，對於大多數台灣學子而言，薪水低又得離鄉背井、遠赴他鄉，可能會讓新鮮人望而卻步！

台灣人才的競爭優勢與劣勢

台灣的經濟實力舉世聞名，而我們賴以存續發展的利基就是「人才」，苦幹務實、負責任、忠誠度高一直是台灣人才的寫照，甚至許多在中國工作的台幹爲了表現合群的態度，會跟著大陸的同事們一起準時下班，再悄悄的返回辦公室加班，就是這種負責盡職的打拼精神，讓台灣人才一直在世界的舞台上占有一席之地，綜觀台灣人才的競爭優勢有以下數端：

- ✓台灣傳統/科技與服務產業在世界經濟舞台上舉足輕重，在這段產業發展過程中，經理人所養成的技術能力、管理職能、抗壓能力與靈活權變的經驗與實力，是寶貴的人力資產。
- ✓台灣經理人勤奮、踏實、謙虛的人格特質，是組織成事的關鍵，也是企業聘用高階主管最重視的元素！

✓台灣經理人的薪酬低於香港、日本、新加坡，是跨國企業進入中國投資時，在考慮文化、語言、經驗及用人成本時，大力延攬的對象。

✓台灣經理人對於工作的投入度高，能爲組織全力打拼，所展現的忠誠度，向來是台灣中高階主管最重要且關鍵的優勢特質！

然而在世界經濟環境的劇變中，台灣經理人也有以下的劣勢：

✓東南亞新興國家崛起，台灣經理人秉持以往的成功經驗，的確有機會能夠在中國、越南、馬來西亞等新興市場重啓職涯的新契機，但如何克服環境與競爭的挑戰，是中高階經理人必須面對的發展門檻。

✓台灣的中高階經理人面對國際化的趨勢，在國際視野及語言能力上普遍不足。

✓台灣以代工爲主體的經濟發展模式，近年已逐漸爲中國及亞洲新興國家所複製，伴隨台灣產業發展而成長的主管人才，如果不能淬鍊、提昇能力及技術，將很快被取代！

✓世界經濟秩序重組的過程中，許多技術、管理等內涵已有巨大變革，中高階主管如何能在心態、觀念、做法上有新的思維與創意，將是能否延續職涯生命的重要關鍵！

表5-1　台灣中高階經理人的優劣勢分析

競爭優勢	競爭劣勢
✓台灣經濟成長過程中，養成的絕佳技術、管理與精緻服務能力 ✓勤奮、踏實、服務的工作態度與敬業精神 ✓薪酬較亞洲先進國家經理人為低 ✓誠信、忠貞的組織價值觀被高度認同	✓轉赴新興市場發展的環境適應挑戰 ✓在國際化的趨勢下，國際視野及語言能力不足 ✓已逐漸邁向交棒階段 ✓環境劇變下，技術、觀念、心態等的調整因應備受考驗

台灣人才的折舊年限還剩多久？

生財設備有提列折舊的年限，知識與技術亦然，許多台幹分享他們的危機意識：「現在的大陸人才紛紛崛起，公司除了總經理及管財務的是台灣人外，高階主管都已經全換成大陸人了」、「近十年來我帶過的大陸籍員工，大多都已經自立門戶當老闆，每當看到他們開著昂貴的進口車時，我覺得自己的發展不如這些陸籍員工」、「大陸員工的學習能力很強，只是觸類旁通及解決問題的能力還待磨練，假以時日，我們的舞台很快會被取代」、「在上海/北京等大城市，大陸人的薪水已高過台灣人，台灣人再不努力，可能西進的立足點會愈來愈少」。

找回「重新學習」的企圖心與執行力

很多台商老闆已經發現台籍主管的致命傷，所以在招募外派主管時，不能是「只會說、不會做」，專在辦公室下指導棋，卻無法和部屬站在第一線面對問題。這個現象也讓許多習慣發號施令的台幹們，內心產生了掙扎，因爲一直以來都有一群部屬供使喚，若要到前線接受執行的考驗，身爲台幹的心態就有些抗拒，此外，全盤傳授Know how後被取代的失落感，也是台幹普遍有「留一手」的想法！

然而，即使外派主管都有競爭力滑落的共同認知，但是「重新學習」的動力卻十分消極，甚至有人資主管直言，公司開辦的許多充電課程，積極參與的都是陸幹，即使三催四請，台幹也鮮少參加！這樣的現象是外派台幹仍陶醉在「自我感覺良好」的象牙塔中？還是無法放下身段，面對下屬急起直追的事實？值得我們省思！

人脈經營是成事的關鍵能力

有台商直言在中國各項的交易及事務都是在檯面下成交或協商，這也充份揭露了中國大陸是一個人治凌駕法律、重關係、講人脈的環境，許多不諳此道的台灣廠商因爲無法打通關節或是關係不夠，吃盡苦頭甚至落得血本無歸的下場，更多的台灣人才在這個制度與人脈衝擊的社會中吃虧受騙。在中國投資或工作的確有許多不確定的風險，幾乎所有往來兩岸的人士，都有滿腹的中國經，在神州的大江南北與交錯杯觥的燈紅酒綠中，人人都看見、也了解一部份的中國，而所有人也都承認，如果用僅有的知識與經驗，去解讀及判斷中國的一切，是無知且危險的，因爲中國實在太大，所有的環境與文化都有檯面下的潛規則，每個個案也都有意料之外的突發因素及複雜的法令與人脈關連，因此只有更審愼、更謙卑、融入中國的體制與文化，並打入當地的社交圈中，才能在不斷的學習中積累經驗，並且減少錯誤與損失！

爲新世代年輕人架橋鋪路

在國際化的趨勢下，沒有人會質疑台灣人才與中國職場接軌的事實，兩岸在政治穩定及合作發展經濟的共識下，台灣上班族立足台灣、放眼中國的發展態勢明顯，而目前在中國大江南北打拼的台灣先進們，就是爲年輕世代架橋鋪路的先驅者，如果在中國工作的台籍人士不能贏得當地員工的認同與尊敬，如果我們不能在蛻變的中國展現台灣堅韌創新的實力，並且戮力轉型，在大陸的商場及職場中無異是自掘墳墓，也會斷送了台灣子弟未來登陸發展的機會。

人才國際化是無法阻擋的趨勢，高度競爭也是無法迴避的場景，如果要能持續征戰職場，並且在兩岸職涯發展中擁有定位，你必須拿出什麼具體的方法與對策？這個答案你最好趕快找出來，因爲未來西進中國卡位的難度愈來愈高、機會也愈來愈少，每位上班族面對職場的險峻與競爭，不論在台灣或是中國，我們無法改變環境及市場，我們唯一可以改變的是「自己」，如何讓自己在職場中擁有定位，並且無可取代，是從新鮮人到中高階主管都必須時時刻刻、念茲在茲的重要課題！

職場小叮嚀

全球年輕人同台較勁的時代來臨了，台灣的新鮮人必須與中國、香港、韓國、日本、新加坡，甚至歐美的年輕人競爭！

經營國際職涯成爲現代上班族，無可迴避的選項！

新鮮人停留在舒適圈中只會坐以待斃，

將職涯延伸到中國，立足大中華、接軌全世界！

夢想愈大，成就也愈高！

第六章 新鮮人如何接軌兩岸職涯

對於新鮮人而言，將職涯的場域擴大到中國，已經是時勢所趨！雖然目前新鮮人外派工作的機會不多，但隨著人才交流的頻仍，相信在幾年內，派外人員的年齡層將會愈來愈低，面對上班族職涯的國際化，大家必須早日做好因應及準備！

認清你的對手

網站上流傳一張圖片，中國高校生將高中三年寫完的試卷疊出了二·四一米的高度，再看每年六月中國高等考試近千萬名考生的激烈競爭，台灣的社會新鮮人應該可以預見競爭對手的強度，兩岸年輕人同台較勁的場景，將會是這一代年輕人必將面對的挑戰，長期在舒適圈中成長的七、八年級生，在抹平的世界競技場上，你必須與中國、韓國、日本、新加坡、香港、馬來西亞，甚至歐美的年輕人競爭，因爲這些國家佈局中國的企圖心，一點都不會輸給台灣，如果你在這場競賽中未戰先敗，就會成爲邊緣經濟中的邊緣人。

沒有優勢，只有競爭

台商已大力落實人才本土化策略，而中國人才的崛起，也排擠了許多台幹的工作機會，台灣人才已不再像二十年前支領高薪、享受高高在上的禮遇及尊榮，相較於三十五歲以上的專業經理人，可以倚賴專業及know how馳騁中國職場，新鮮人如欲赴陸打拼，必須有拿本地薪資水準的認知，然而由於全球五百強企業大多已進軍中國，因此北京、上海等大城市均完全與國際接軌，台灣上班族如能在高手如雲的光明頂上競技，在高強度的挑戰中，也能夠增進視野並培養自我成爲國際級的人才，如果能練就非凡超群的專業絕技，職務、薪酬自然能水漲船高；目前在中國打拼的台灣上班族，年薪從百萬到數千萬元均不乏其人，誰能挑戰競爭、脫穎而出，就能夠在職場上奪得桂冠。

在中國打拼要贏在起跑點，也要贏向終點

近兩年，一〇四獵才顧問中心舉辦了十一個場次的「外派主管充電會」，與會的數百位現職外派中國的台籍主管，普遍對於台商用人在地化及中國大陸人才崛起，排擠台籍人才的現象

感到憂心，此外，中國大陸由於幅員遼闊且各地的發展落差，因此蘊含了許多商機，但由於屬於人治社會，因此也危機四伏、處處風險，如何能夠捉住風險中的機會及在混沌中先行卡位，是企業與個人西進打拼的關鍵因素，新世代的年輕人如果能夠先行了解中國的競爭態勢，並培養自己與國際接軌的能力，將是成功西進的基本條件，新鮮人如何能贏在起跑點，也贏向終點，以下幾點提供讀者參考：

1. 多關心兩岸產業及職場的現況與發展。
2. 爭取外派及出差的機會，以培養國際移動力及對中國大陸環境及文化的了解。
3. 在工作初期以體力換經驗，學得專業後才有實力在對岸打拼。
4. 加強語言能力，因爲中國已成爲國際化的市場。
5. 除了專業能力外，品德操守、自我管理、不斷學習是成功西進的關鍵核心能力。
6. 國際化已成趨勢，勇敢走出舒適圈才能確保職場的長遠性及發展性。

連台商也不想用台灣人

「人不親、土親」，許多台商及高階台幹，秉持信任及提攜台灣人才的初衷，意圖尋找年輕的台灣上班族，赴陸培育及接班，但是經過了一段時間的考核，卻發現台灣年輕人在工作態度、企圖心及學習力等方面，沒有大陸新世代的那股學習精神及拼勁，有經驗的台幹指出：

「這是因爲大陸人窮怕了，所以在工作上拼了命要翻身」，更有甚者是「爲達目的，不擇手段」，所以工作態度不夠積極及「溫良恭儉讓」的台灣人，很難打贏這群爲脫貧而戰的大陸年輕人。如果台商或台幹都覺得大陸年輕人比台灣年輕人認眞，我們可眞的要好好的閉門省思了！

出海當大魚，別只眷戀小池塘

大學生畢業後找不到工作，成爲「啃老族」的情況日益嚴重，自幼在台灣經濟發展溫室中成長的七、八年級生，怎麼也看不上每月二萬多元的薪水，寧願無所事事的成爲宅男宅女，或是淪爲職場的遊牧民族，工作態度及穩定性備受企業質疑。邁出校園的新鮮人一定要能認清環境的發展及趨勢，立足台灣、放眼中國，並且具有擁抱世界舞台的企圖心，掌握機會出海當大魚，別只眷戀著小池塘！

當經濟力量打開了國界，將世界整合成一個大平台，當網路緊密串連平台上的所有企業與個人，親愛的年輕朋友們，國籍已經成爲職場中一個最不重要的表徵，世界公民才是你的代名詞，跟隨組織全球佈局的腳步，培養自己成爲具有兩岸競爭力的職場尖兵，信心、勇氣與執行力將會讓你心想事成！

職場小叮嚀

一個有默契的團隊，能夠在混亂的環境中，迅速展開攻擊的陣勢，
並以卓越的溝通協調能力，快速凝聚共識，
同時以迅雷不及掩耳的速度，搶占市場！
一個自亂陣腳的團隊，互斥對立將形成嚴重的「內耗」，
不待競爭對手出招，組織就會敗在自己的手中！
「競速」時代，個人與組織，成敗均在「溝通協調與團隊共識」！

第七章　上班族的人際溝通與團隊合作

溝通協調與團隊合作的良窳，會影響工作任務的執行與結果，同時也是上班族能否成功的關鍵，史丹福研究中心指出：「你賺的錢百分之十二．五來自知識，百分之八十七．五來自關係」，羅斯福也曾說過：「成功公式中，最重要的一項因素是與人相處」；溝通協調的技巧是職場上班族最重要的軟實力，從人力網站刊登的招募職缺中可以發現，各行各業的人資、業務、研發、生產等各類職務，在職缺條件的描述中，通常都會加上「表達能力佳、擅溝通協調」等要求，可見協調溝通力是企業選才特別重視的關鍵能力。

溝通的主體是「人」，而協調的主體通常針對「事」，良好的溝通協調也是達成工作的重要因素，在企業組織中擁有溝通協調的能力，除了能在工作上如虎添翼外，同時也能具備自信及優質的人際關係，如果空有專業技能而在人際協調及溝通能力上不足，那麼在職場生涯的發展上將會受到極大的限制，因為我們所處的是一個講求Team work的環境，在人力資源受到高度重視的現況中，人際關係及溝通協調的能力成為企業組織選才及育才的最重要項目。然而良好的人際溝通協調技巧，係從觀念的建立及日常生活的實踐來養成。在企業組織的運作中，溝通協調不只侷限在人際間，舉凡制度流程的運作、資訊系統的內涵、執行計劃及專案等，都廣義的涵蓋在組織溝通協調的架構中，茲將企業組織的運作，在考量內外部環境及策略乃至企業使命達成的過程中，溝通協調所扮演的重要角色以圖示（圖7-1）呈現如下：

本章將就個人如何

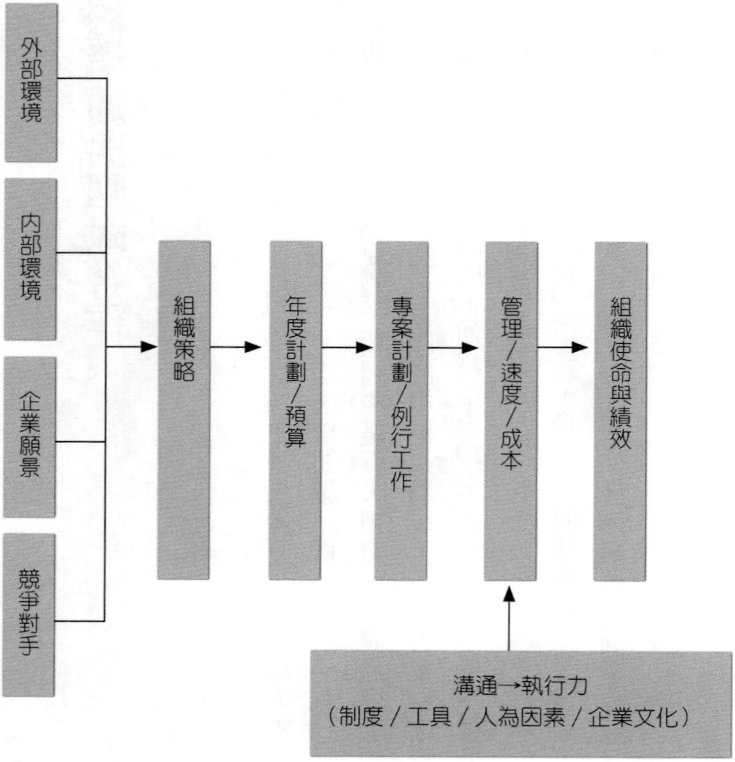

圖7-1　組織運作中溝通協調的重要性

培養良好的人際溝通協調技巧及組織的溝通機制，分述如下：

職場上班族應有的溝通協調認知

一、溝通協調是「成事」的關鍵

管理者常以為有完整的制度規章及標準作業流程（SOP），就能確保工作順利執行，其實人際的溝通及工作的協調與流程制度同樣重要，如果執行的人員不能具備這樣的態度與能力，則工作與任務是很難有效推動的；我們千萬不要忽視了組織人員「溝通協調」特質對工作成敗的影響。

在企業組織中，各項工作與任務的溝通協調，花費了可觀的人力與時間，許多組織由於溝通協調的機制不彰，形成了嚴重的內耗，不僅延誤了商機，更會造成員工的工作挫折及形成推諉敷衍的組織文化，因此組織成員的溝通協調認知/意願與技能，對於工作績效的達成影響甚鉅。

二、溝通協調需要不斷的學習

組織是一群人的組合，人與人間的觀念、想法、背景、經驗差異很大，所以容易在相處、共事中產生磨擦，衝突的發生有其正面與負面的意義，但是要能以溝通協調來尋求共識、化解爭議，才能在組織運作中產生良性的循環；在組織的運行中，每個人都不斷從各項事務中學習溝通技巧，目的是要能讓企業機器運行順暢，而在過程中則是相互凝聚共識；溝通協調是一個相互了解及互動的過程，不同的意見可以激發創意與人際的包容力，也可以使人我互斥對立，端看組織的個體能否積極的在異中求同、尋求共識，並以理性的態度去發掘對組織最有利的決策。溝通協調是人生不斷學習的課題，秉持客觀理性、設身處地爲他人著想的基本立場，同時站在公司的層面看問題，才能藉由不斷的交流互動，獲致組織的最大利益及個人的成長。

三、溝通協調要有「意願」

「意願」是溝通協調的重要前提，沒有意願則溝通協調無法進行，在職場中大家各司其職、各有立場，遇有想法、看法、做法不同時，溝通協調就成爲凝聚共識的必要過程，對於組織各項事務的運作，如果因爲意見不同，而延誤了時效，將會損及企業的權益，每個職場的工作者都應該清楚的認知，放下個人自我的堅持與立場，而以公司的整體利益爲前提，隨時保持「意願」來進行溝通協調，才能創造組織卓越的績效。

四、「面對面」溝通是有效解決問題的方法

由於網路與行動通訊的發達，溝通不再侷限於面對面的方式，電話、E-mail、視訊、行動裝置、書信、簽呈等都是常用的溝通管道，不同的溝通工具各有其優缺點，但是面對面的溝通協調是最直接且有效的方法，因爲根據行爲學家的研究指出：「人與人的溝通表達，文字僅佔百分之七、聲音佔百分之三十八，而肢體語言則佔百分之五十五」，足見面對面的溝通，藉由人我的互動及肢體語言的呈現，是最能展現誠意，也最直接有效解決問題的方法。

現今由於科技的高度發展，在辦公室中，即使坐在鄰座的公司同事，寧可使用E-mail或簡訊溝通，也不願多走兩步路當面解決問題，這是資訊科技取代實體溝通互動的現象，雖然「科技始終來自人性」，但資訊工具愈多元，人際間卻愈冷漠，這在組織溝通協調上絕不是個好現象。

五、凡事反求諸己

在職場的協調溝通中，我們不要預期別人能夠符合我們想法的態度與行爲來面對溝通；一個專業的職場人士，一定能夠主動展現誠意與熱忱，以優質的溝通協調態度，促使組織使命的達成；我們常覺得這樣是「以熱臉貼別人的冷屁股」，然而成功的人凡事講方法，同時也會以大局爲重，能夠整合意見、尊重他人、包容他人，才是企業組織重用的人才，凡事反求諸己，不是吃虧，而是超越自己的限制，並邁向高度成長的重要因素。

成功的溝通協調態度

一、溝通協調要有「同理心」與「對等」的心態

常常我們把溝通協調誤為是「談判」與「說服」，但在這個「個人自我意識強烈」、「唯我獨尊」的時代裏，組織的各項工作在人際及跨部門的互動上，如果必須以談判與說服來執行，人際的關係必然緊張、疏離，因此我們要能有「同理心」與「對等」的心態，設身處地的為他人著想，思考一下別人的職務、工作職掌、立場與個性，才能在成事的目標下，爭取他人的認同與支持。

「同理心」與「對等的心態」，就是設身處地的站在他人的立場上思考並看待問題，這是很不容易做到的，在工作中我們常批評別人「本位主義」；其實當組織體系、職掌區分完成後，本位的思維就形成了，例如：製造單位的工作職掌是講求生產成本並提昇生產效率與良率；而業務單位被組織賦予開發客戶及接單的使命，產銷之間屢屢為了訂單的數量與交期而衝突不斷。業務面對客戶的善變，造成工廠生產排程的變動；面對少量多樣的訂單，產線變動頻仍、排程紊亂，將會形成部門間的對立及仇視。業務與生產單位在工作職掌的堅持下，各有立場，如果不能有效協調、溝通想法，衝突對抗就會不斷上演，如果能超越部門的本位，並站在組織整體的眼光看待問題，就能在產銷議題的決策上，以企業最大的利益為依歸，才能眞正的

做到形成共識、解決問題。

二、溝通協調要有耐心

強勢的溝通作爲，可能爭取了時效，但卻失去了人心，一時有效，但長期而言，反而可能是障礙，溝通協調是非常花費時間的，但在時間成本與未來效益的考量下，要能尋求雙贏，就必須付出心力與時間，溝通協調在於尋求共識與雙贏，我們要能以耐心與氣度來達到建立互信與共識的目的，就能展現組織團隊長期的力量。

三、溝通協調需要誠懇與熱忱

許多人會對人與人的溝通協調感到失望，因爲溝通協調是一件很難的事，職場中個人的自我意識高張，部門本位的現象普遍，所以溝通協調變得十分不容易，因此我們常說「做事容易，做人難」，在職場中我們一定要能將組織的任務超越在個人的個性與立場之上，要能用誠懇及熱忱來促使組織使命的達成，即使是面對與自己觀念、想法不同的人。專業的職場工作者要有「成事在我」的企圖心，才能以開闊的胸襟來面對差異的人與事，藉由組織中每個人的努力，就能夠塑造優質的溝通協調文化；反之，如果溝通協調困難重重，也會形成窒礙難行、推拖、敷衍的行事文化，劣幣驅逐良幣的現象就會發生，這絕對是企業的大災難。

四、溝通協調必須認清問題

要能有效的藉由溝通協調來解決問題，首先要能認清問題的本質，問題必須依據Who（誰）Where（何處）What（什麼）When（何時）Why（爲何）How（如何）五W一H原則來予以結構化，以利理性的評估分析，並有效的處理。在問題的解讀上，經常訊息失眞是一種常態，所以能掌握問題的眞相，溝通協調就成功了一半，發明家查察斯說：「一個清楚陳述的問題，本身已解決了問題的一半。」愛因斯坦說：「精確的陳述問題比解決問題更爲重要。」在問題的探詢上，要能深切的瞭解問題的成因，同時體會當事人的想法，不要否定對方的意見，並且善用傾聽及詢問的技巧，才能找出問題的核心，同時要能反覆的思考及確認問題，並察覺問題發生的情境，爲成功溝通奠定良好的解決基礎。

表7-1　溝通協調的步驟與流程

	自我的態度	對待他人	關鍵因素
溝通前的準備	理性／客觀／誠懇／耐心	設身處地思考他人的立場／職掌／個性	尋找問題的真正原因
溝通的時機	考量事件的重要與急迫性 考量雙方的情緒		慎選溝通的時機
溝通的主體與對象	考量自己是否為最佳的溝通對象	考量他人是否為最佳的溝通對象	運用關係管理的技巧，評估溝通對象
溝通的場所	不被干擾／安靜／和諧／獨立的空間，讓人有安全感且能暢所欲言的環境		合適的場所有助於溝通協調的進行
溝通的管道與工具	面談／電話／E-mail／會議／公文／簡報／視訊／書信		面對面是最佳的溝通模式
表達能力	不要否定他人的看法 建立共識 展現誠意熱情的肢體語言 別急著解釋述說，多留時間讓他人表達	認同他人的感受 異中求同	搶著說話／急欲表達是溝通失敗的重要原因
傾聽技巧	誠懇／耐心傾聽 適度回應	善用傾聽的技巧 讓對方暢所欲言	好的溝通者，「會聽」比「會說」更重要
尋求共識	調整自己的想法／看法，尋求交集	接受對方與自我的差異	在異中求同
創造雙贏	尋求達成共識	肯定對方的想法與意見	溝通協調的目的在創造雙贏

組織中常見的溝通問題

在企業組織中，影響溝通協調的原因很多，不僅只侷限在人際之間。組織從目標訂定到任務的達成，制度流程、使用工具、管理機能及個人的心態都會造成溝通協調的不彰，以下圖（圖7-2）說明這些造成組織各項業務溝通不佳的因素。

如何建立良好的人際關係

在溝通協調之外，人際相處也是組織的重要機能，良好的人際關係及溝通協調互爲表裏，都是促進組織成員彼此交流與合作的重要關鍵，經過心理學家的研究與分析，將影響人際交往的心理障礙歸納爲「自我中心」、「個性猜疑」、「嫉妒心重」及「自卑感」等項，我們要能在人際間建立自信，要能謙虛、理性、寬容、接納，這些觀念與態度必須在團隊的互動中逐步磨合。

每個人都有自己的缺點及盲點，藉由人際相處及從爭議與衝突中學習，並虛心自省與檢討，就能在人際關係的成長上漸次提昇，以下就如何建立良好的人際關係簡述如表7-2。

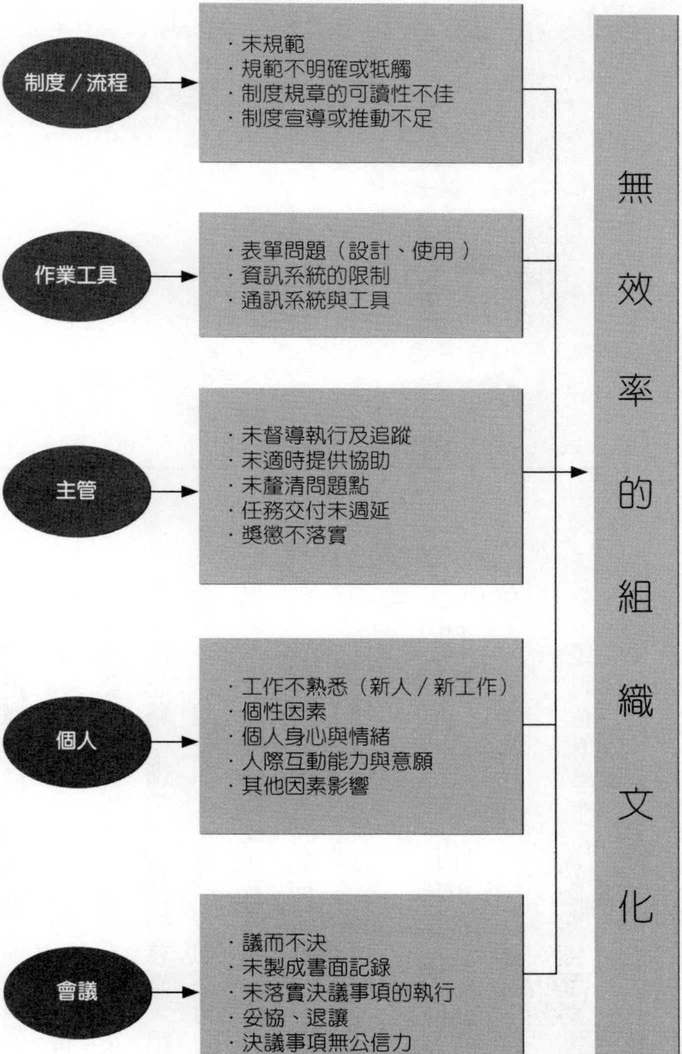
制度／流程
・未規範
・規範不明確或牴觸
・制度規章的可讀性不佳
・制度宣導或推動不足
作業工具
・表單問題（設計、使用）
・資訊系統的限制
・通訊系統與工具
主管
・未督導執行及追蹤
・未適時提供協助
・未釐清問題點
・任務交付未週延
・獎懲不落實
個人
・工作不熟悉（新人／新工作）
・個性因素
・個人身心與情緒
・人際互動能力與意願
・其他因素影響
會議
・議而不決
・未製成書面記錄
・未落實決議事項的執行
・妥協、退讓
・決議事項無公信力
無效率的組織文化

圖7-2　組織業務溝通不佳的原因

表7-2　在職場中建立良好人際關係的方法

區　分	態度與方法
觀念與態度	＊具備真誠、服務的心 ＊尊重自己、尊重他人，並維護他人的自尊心 ＊建立內部客戶的觀念 ＊尊重團隊決議 ＊重視企業倫理 ＊服從主管領導
為人處事	＊對事不對人 ＊勇於認錯 ＊不攻擊、謾罵及批評他人 ＊表裏一致（不人前一套、人後一套） ＊謙虛待人 ＊合宜的應對進退及注重商業禮儀 ＊奉行誠信、操守並履行承諾

處理組織衝突的方法

在企業組織的運作當中，衝突的產生在所難免，衝突是溝通的開始，衝突有其正面與負面的雙重意義，我們通常看到衝突的負面象徵，而忽略了衝突也有積極意涵，組織良性的衝突可以激發創意，可以鼓勵不同的意見，可以刺激溝通協調的運作及活絡組織與人際的互動，然而發生衝突時如何化解，以下將解決的方法提供如表7-3，供讀者參考。

「找對人」是消弭組織溝通不彰的最重要因素

我們必須理性的認知，「人」是不容易被改變的，個性與心態的調整，也要在個人高度的意願及自我要求下，靠時間與歷練方以致

表7-3　化解衝突的方法

區　分	方　法
個人方面	心平氣和、保持理性 對事不對人 注意遣辭用語及肢體語言，勿刺激／觸怒對方 控制情緒，不動怒 不惡意批評 傾聽對方意見
主管方面	主管有協助解決爭端與衝突的責任與義務 清楚確認問題成因 公平公正，不偏袒任一方 安撫情緒，以利理性解決 問題須追蹤及管控
組織方面	建立問題反映的管道 以會議協調衝突，並做成會議記錄、追蹤缺失改善的後續作業 落實獎罰及維護組織紀律 塑造溝通協調的組織文化 強化溝通協調與衝突管理的教育訓練 針對發生衝突的因素加以規範 確認衝突／缺失不重複發生
非正式組織	探討組織中的情報網絡／諮詢網絡及情感網絡 清楚組織中的強連帶與弱連帶 以人際網絡及關係管理來解決爭端與衝突

之；在企業組織中，我們常會發現，許多人具備難以溝通的個性與特質，因此，講究績效與速度的組織，是否能當機立斷的將阻礙溝通與進步的石頭搬開，考驗著經營者與主管的管理智慧。

「找對人」，是當前企業組織的一大挑戰，一個專業的職場工作者，除了專業知識與技能外，溝通協調能力是最重要的個性特質，如果不具備協調互動的能力，將造成組織人際衝突不斷發生。

企業組織中，許多的

主管是在專業領域中表現出色而獲得晉昇，這些具備研發、業務、技術背景的主管，很多在溝通協調的能力上，沒有完整成熟的鍛鍊；然而一個主管，其最重要的任務是在整合發揮團隊的戰力，同時在跨部門的協調溝通上扮演推手，如果主管的溝通協調能力與意願不足，則整個部門的運作一定會造成困難，同時整體組織的運轉也會形成負向循環，因此，企業在用人及選才上不可不慎。許多企業共同的經驗是Top sales一旦因爲戰功彪炳，而被提昇爲部門主管，經常會是組織的大災難。

企業組織是以營利爲目的，所有的作爲都在創造利潤來分享股東、員工及回饋社會，一個組織的溝通協調文化，經營者的影響是十分深遠的，如果經營者實事求是、追根究柢、貫徹執行力，則組織成員自然能夠朝向互助協同的良性循環發展。然而，事與願違的是，許多的經營者泰半漠視了組織中的溝通障礙，任由組織派系與主管鬥爭的情況存續，如此一定會嚴重打擊人員的工作士氣與組織向心力，也一定會影響組織績效的達成。

上班族的自我期許

企業組織是由人所組成，在這個講究速度的時代裏，個人的溝通協調能力是企業最注重的特質，然而社會普遍存在「強調自我中心」及「差異化的價值觀」，且人與人的關係由於網路的興起，更顯疏離，在職場中要能與所有人維持良好的人際關係，十分不易；在生活上，我們可以選擇志趣相同的朋友，但在職場上，卻必須與個性/背景/專長/價值觀不同的人合作，這是一件極爲困難的事情。但是由於工作講求的是速度與效率，如何反求諸己，學習溝通協調與衝突管理的技巧，同時以身作則，做一個以組織爲先、以任務爲重的上班族，是塑造專業形象的重要課題。

在人際的交往中，能夠體諒別人的立場、能夠顧全大局、能夠寬大胸襟、能夠接納不同的竟見，才能在職場生涯不斷的試鍊中，培養自己的領袖人格，同時比他人更有不可取代性。王品集團董事長戴勝益曾說過一句名言：「複雜的問題，用複雜的方式處理，是學歷；複雜的問題，用簡單的方式處理，是能力；複雜的問題，用幽默的方式處理，是魅力。」在工作中，每個人都一樣聰明，最後決定勝負的不是聰明才智，而是智慧、胸襟與氣度。

職場小叮嚀

「表達技巧」是展現專業的利器，
現代職場上班族必須具備精練及專業的簡報能力，
才能充份發揮所學。
不斷練習及細心準備是成功簡報的基礎，
在行銷掛帥的時代中，
一場精采的簡報足以感動人心、成就商機，
而練就從容穩健的簡報台風，
一定會使你的職場生涯，備受歡迎也展露知識的丰采！

第八章

上班族的表達力與簡報技巧

由於教育體制與社會文化的影響，國人主動表達的能力與意願較之歐美與大陸人士普遍不佳，因此在學校與職場上，各項的會議與培訓課程，進行到問題研討時，台下通常是一片沉默。

然而表達力及簡報技巧卻是當前職場需具備的能力之一，因爲在這個講求行銷的社會中，如未能具備表達能力，即使擁有高深的專業知識仍無法完全展現出來。從不同的工作領域觀察，一位稱職的職場專才，在工作的專業與績效之外，如果能具備良好的表達能力及專業的簡報製作及執行能力，必能將專業展現得淋漓盡致，同時也能獲得客戶、主管、同僚的信服與認同，本章主要針對職場上的公衆表達與簡報技巧部份加以說明。

職場公眾表達能力的培養

把握練習的機會

沒有人天生辯才無礙，要能有良好的表達能力，須能利用各種機會不斷的練習。有一位上市公司的老闆，由於不善表達，每逢參加員工的婚宴時，都要請幕僚寫好致辭稿，同時召集主管事先演練，並透過大家的意見來調整改善，經過了一年的練習，不僅可以不再依賴講稿，同時能在數千名員工前暢談經營理念。「練習」是培養公眾表達最好的方式，光說不練是永遠不能在表達力上有所增長的，所以職場上班族要能及早在組織中克服心理的障礙，培養專業的表達技巧，利用部門會議、訓練、簡報、社團活動的各種場合與時機，爭取上台發表的機會，才能在不斷的演練中，鍛鍊出精睿的表達力。

克服緊張

緊張會使表現失常，經常練習就是爲了增加臨場的經驗，同時克服心理障礙與緊張的狀態。對公衆的簡報表達，除了因爲壓力造成緊張外，準備不週、時間的控制不佳、聽衆的反應、器材的故障等，都會造成簡報者的失常與不安，所以一場完美的簡報，要靠事前週全的籌劃與演練，才能在妥善的準備下，使出錯狀況降到最低，而能夠有好的專業表現。

凡事豫則立，不豫則廢

在執行簡報之前，要做好充分的準備，不論是開場白、自我介紹、主題的切入、數據的引用、例證的敘述、簡報的內容等等，做好完善的前期規劃，不但能夠增進自信，同時也能獲得聽衆的肯定與認同，進而營造一場精采充實的演出。

商業簡報的定義與分類

商業簡報（presentation）和演講（speech）之間有些類似，但兩者卻不相同，其中的差異在於執行的目的及進行過程的不同。簡報技巧是一門值得探討的主題，藉由簡報的訓練可以培養清晰思考、資料彙整、言語表達及臨場反應的能力，使我們在職場上更具自信及專業。

依據台灣培生出版的「撰寫報告、上台簡報、主持會議的核心技巧」一書中，將簡報依其目標，區分爲下列幾類：（以下1、2、3點摘錄自「撰寫報告、上台簡報、主持會議的核心技巧」一書）

1. **說明式簡報**：主要是告知訊息或解釋某些事項，此種情況下，簡報者已掌握傳達的資訊，所以不需要仰賴與觀衆的互動來取得資訊。這種型態的簡報，用於報告或說明計劃、解釋工作進行方式，或公司策略的佈達。

2. **說服式簡報**：旨在說服對方，可能是讓對方接受一個想法、一項產品，或者改變他們的觀念或行爲。像是銷售產品、要求提供創業資金，或是接受你的報價等。你必須了解，說服式簡報大多牽涉到感情的鼓動，不只是知識的了解而已。

3.**諮詢式/參與式的互動**：當你想從聽眾身上取得資訊時，可採用諮詢式/參與式的互動模式。你可能是缺乏足夠資訊、需要了解其他人的意見、想法，或者是需要觀眾共同激發創意。以「諮詢」的方式來進行，你可以設計討論的內容；以「參與」的方式進行，則是開放討論內容而不加以限制（例如腦力激盪活動）。

簡報的事前準備項目

在職場上，公眾表達及簡報的機會很多，我們經常要針對市場、產品及各項專案與任務，向主管、客戶、同仁做簡報，如何做好簡報，值得所有上班族深入了解並學習實務的技巧，以塑造自己成爲一位專業的簡報達人。（相關準備內容詳見表8-1、表8-2）。

表8-1　簡報前的準備事項

項目	內容	備註
了解簡報的目的	*清楚明確了解簡報的目的，有助於後續準備工作的聚焦及執行 *如為主管交辦，應該清楚確認目的及執行的原則 *如為主動辦理，應將目的與執行方式告知主管	
確認簡報主題	*為達到簡報的目的，審慎訂定主題 *注意主題的範圍大小及複雜程度 *訂定一個切題並吸引人的題目及副標	
規劃準備的方向與範圍	*依據目的，確定準備的內容方向及範圍 *如主題過於龐大，應加以取捨及聚焦，以能切合目的及所訂的主題內容	
簡報的時間	*決定簡報的時間，包括執行的時間及所需的長度 *簡報的時間長短，將會影響準備的內容及資料	根據成人學習的原則，一場簡報的時間最好長度在20至45分鐘以內
簡報的地點	*簡報地點的交通、停車、座位、設施等都是進行簡報應該事前評估的項目	
簡報的對象	*針對不同的簡報對象，有不同的準備及表達方式 *了解簡報對象的屬性、特質及背景，有助於簡報的設計與準備	

表8-2 簡報準備的內容

項目	內容	備註
訂定簡報程序	*針對主題、時間與對象訂定簡報的進行程序與內容大綱	
蒐集資料與數據	*除現有資料外，並向研究單位、圖書館、產業、相關網站等蒐集資料 *準備有關的數據與圖表，能清晰的呈現主題及具有專業與說服力 *資料應經整理分類及做必要的驗證 *選擇適用的資料並加以整理運用	
製作簡報檔案	*簡報主題／簡報單位／簡報者／簡報者經歷／簡報時間逐一詳實揭露，以利簡報者介紹及簡報進行 *簡報的目的與進行步驟 *簡報內容條理分明，簡明扼要的點出主題或關鍵字語／數據／圖表重點／大綱，避免全文登錄，形成視覺壓力 *以圖表、流程圖、數據、影片來表達，能增進觀眾的興趣與印象，同時有助於簡報的豐富性 *注意簡報資料的字體大小與配色，以利與會者能清晰閱覽 *簡報資料內容要能切中核心，不過於發散 *精心製作的簡報資料能提昇簡報的品質及效果	
道具／器材的準備	*為了讓簡報更具有臨場感及公信力，可準備有助於聽眾了解的道具及器材來強化簡報的實務性 *道具可安排助理人員協助展示或操作	例如產品的簡報可準備實體產品供解說及操作使用
簡報資料的印製	*將簡報內容列印裝訂分送參與者，以利簡報進行時使用及與會者攜回參閱	
簡報後問卷及測驗	*簡報後如須實施問卷及測驗，依簡報內容事前準備（注意考量是否具名）	提供小禮品有助於完成及回收問卷

簡報前的行政準備

一場成功的簡報在行政的準備上，尚有許多配合的庶務必須注意，表列（表8-3）如下，供讀者參考！

表8-3　簡報前的行政準備事項

項目	內容	備註
簡報場地	*場地燈光的配置及開關控制 *空調及控制 *簡報台及會場佈置（歡迎牌／紅布條等） *座位安排及佈置（名牌） *接待桌的位置 *接待人員	決策者應安排於視覺效果最佳的位置
簡報器材與設施	*電腦 *投影機 *投影幕 *投影筆 *錄音／錄影設備 *視聽／擴音設備與麥克風 *網路／視訊設施 *電源插座／延長線／音源線	
茶點／餐點	*視需要準備飲料／茶點或餐盒	
禮品	*視需要準備紀念品	
文具	*筆 *紙 *簽名簿 *資料袋 *書面簡報資料 *其他文具	

簡報者的自我準備

一場成功的簡報，最重要的關鍵即在於簡報者，簡報者是簡報的靈魂人物，因此在做好事前的準備工作後，我們要來探討簡報者自我的準備作業：

事前演練

簡報前的演練非常重要，除非你已身經百戰，否則爲了確保簡報的順利進行，預演是十分必要的工作；事前的演練除了要確認所有的行政準備是否妥當外，重要的是簡報時間的安排、投影片的進行順序及控制、簡報者的位置等都要能事前安排，才能從容的執行簡報，如果簡報者過於忙碌或是經驗豐富，則可由他人代爲協助處理演練的相關事宜，再將問題告知簡報者，但是如果是重要的簡報，本人還是必須親自進行預演。

注意衣著妝扮

個人的形象是影響簡報成功的關鍵因素，如何在衣著妝扮上展現專業的形象，並獲得聽衆信服，是每位簡報者必須重視的課題，一般在商業簡報上，男性衣著以西裝爲主，而女性則以套裝爲宜，爲了吸引聽衆的注意力，簡報者可以考量會場背景的色系，而搭配較醒目的衣著，如果是百人以上的會場，更要能形成群衆的焦點，以集中大家的注意力，此外在頭髮的梳理、衣服的整燙、配件的搭配上，都要能細心的打理，一個服儀端正、舉止合宜的簡報者，可以贏得尊重與認同，也能讓簡報更具說服力。

簡報的表達技巧

開場白：

藉由時事或大家熟知且有興趣的事物、話題，精心設計結合簡報主題的開場白，能夠點出簡報的目的；此外一定要能提出簡報內容與聽眾的緊密關聯度，以誘發參與者的興趣。好的開場白是簡報成功的基礎。

自我介紹：

幽默風趣的自我介紹，能夠拉近與聽眾的距離，並營造輕鬆的學習氣氛，此外，也要強調自己的專業優勢及特色，建立自我及聽眾的信心。

背景介紹：

藉由簡報背景的概要說明，提綱挈領的點出簡報的目的及報告架構。

說故事的技巧：

善用相關分析、數據、研究報告、名人佳言，並採用說故事的方式，可以不著痕跡的牽引聽眾，融入簡報的情境中。

適切的案例：

舉出實證或案例，能夠使簡報的主題更爲清楚，更易於讓聽衆了解及接受。

保持與聽眾的互動：

一場生動有趣的簡報，可藉由與聽衆的互動來達成，讓聽衆有參與感，可以活絡簡報的氣氛，同時也是尊重聽衆的方式。

不要一味念稿：

如果採用念稿的方式或逐一念簡報資料，會讓氣氛僵化，同時催人入眠。

簡報者要能以自然且淺顯易懂的方式，讓與會者輕易的了解體會，過多的專業名詞與艱深理論，只會與聽衆形成隔閡，絕對無助於簡報目的達成。

摘要小紙片：

爲了提示簡報的說明及案例，可準備小紙片以協助簡報的進行。

適時使用道具及器材：

除了講述外，適時搭配使用合宜的道具及器材，能強化聽衆的理解及滿足實際操做的心理。

從容、專業的態度及優雅的肢體語言：

包括穩健的台風、優雅的站姿、適宜的手勢及臉部表情（笑容）、音量控制、口齒清晰、表達不疾不徐及聲音的抑揚頓挫，以及目光保持與所有聽衆接觸等，都能夠彰顯簡報者的親和力及專業形象。

清楚點出解決的方案與效益：

結論簡單扼要，且具創意與說服力，能打動人心並具體的提出合理的解決方案與效益，讓聽衆能信服與接受。

簡報常犯的錯誤

1. 簡報者的專業不足，或對問題的了解不夠透徹，將會使簡報欠缺說服力。
2. 不要將簡報會場的燈光全部關閉，只要調暗燈光讓簡報投影片的光度清晰即可。
3. 簡報者不要以手或身體擋住投影機的光線，應在簡報固定位置的範圍內活動，善用投影筆來指示重點。
4. 避免口頭禪、不雅的用詞及不莊重的肢體語言（手插口袋、手臂環胸、抖腳等）。
5. 簡報者不宜坐著簡報，應站著簡報，以示尊重聽衆並形成視覺焦點。
6. 簡報者不要低著頭念資料，忽略了與聽衆的目光接觸。
7. 音量的適度控制是順利傳達的重點。

簡報時間的控制

簡報必須準時開始，並在事前設定內容說明及互動研討的時間，一場簡報可能因爲時間的掌控不佳，而使得簡報的效果大打折扣，在忙碌的工商社會，時間的控制是非常重要的因素，如果因爲問題的研討而有延誤時間的可能，應該先結束簡報的程序，於會後再與提問者討論或是以書面回覆，否則會讓參與者不耐，這是簡報的一大敗筆。

回答問題的技巧與注意事項

1. 事前安排、自我提問並引導誘發聽衆提問。
2. 對於發問者，要先肯定其所提問題，例如：這是個值得探討的好問題。
3. 回答問題前，要先行複誦，以釐清問題的眞義，並讓與會者也清楚問題後再解答。
4. 簡報者回答問題時要對著所有聽衆，而非只面對發問者。
5. 要注意回答問題的時間控制，保留其他人提問的機會。

感謝大家的參與

別忘了結束前，誠摯感謝大家的參與。

表8-4　簡報準備檢核表

項次	項目	內容	負責人	完成	未完成
1	簡報資料	Powerpoint檔案			
2		書面資料／地點交通圖／停車規劃			
3		輔助用品與器材			
4	器材／設備	音響／麥克風			
5		延長線／音源線			
6		雷射指示筆			
7		電腦／滑鼠／存取碟／網路			
8		投影幕			
9		投影機			
10	文具	書面資料（資料袋）			
11		筆／紙／白板筆			
12		禮品			
13	場地	看板／紅布條／歡迎海報			
14		插座／燈光／空調			
15		座任安排／座位牌／接待編組			
16	餐點	點心／飲料／紙巾／紙杯			

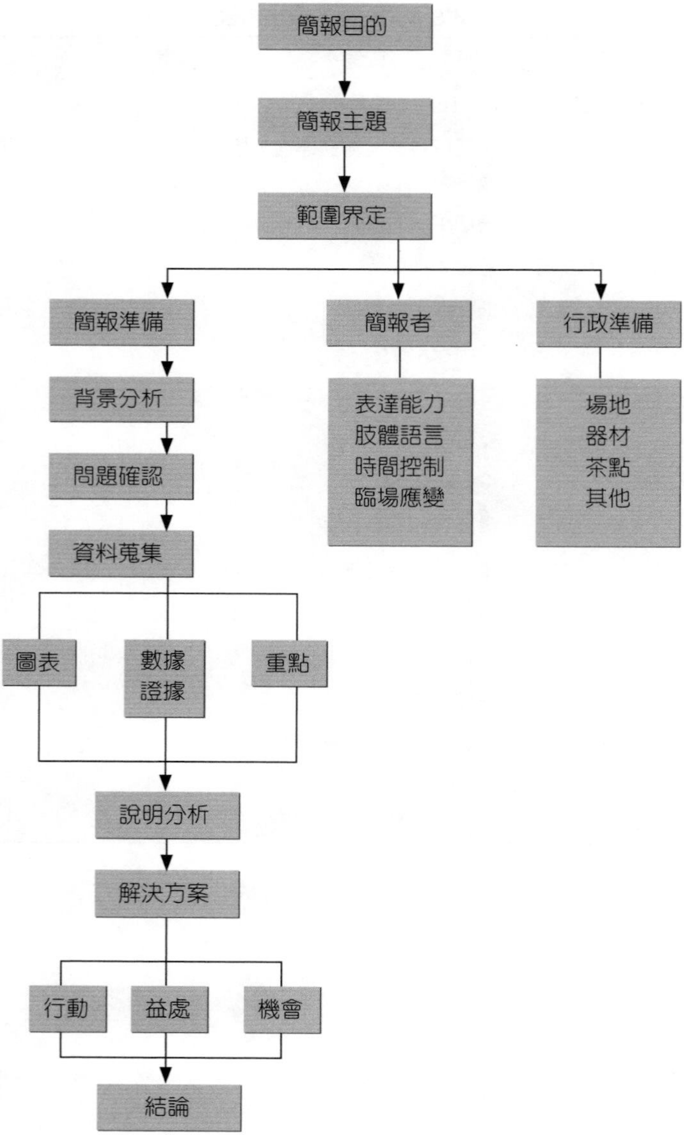
簡報目的
簡報主題
範圍界定
簡報準備
簡報者
行政準備
背景分析
表達能力
肢體語言
時間控制
臨場應變
場地
器材
茶點
其他
問題確認
資料蒐集
圖表
數據
證據
重點
說明分析
解決方案
行動
益處
機會
結論

圖8-1　簡報執行流程圖

職場小叮嚀

這是一個與時間競賽的時代；
可以讓時間從指縫中憑空消失，不留下一片雲彩；
也可以善用時間，展現豐碩的成果。
當我們滿頭華髮，
我們是要歌頌這一段職場的生涯，
還是要悵然所失的悲歎時光的飛逝？
管理時間就是自我管理，
希望我們能夠在萬紫千紅的花花世界中，把握時光，
創造職場中的炫麗彩虹！

第九章 上班族的時間管理

美國發明大王愛迪生說過，世界上最重要的東西是「時間」；著名的管理大師彼得・杜拉克也說：「不能管理時間，就什麼也不能管理」、「時間是世界上最短缺的資源，除非嚴加管理，否則就會一事無成。」

在這個講求「速度」及「效率」的時代，時間管理是上班族成功的重要因素，尤其是企業組織在高度的競爭環境中，爲了有效控制成本，因此紛紛裁減人力，往昔人力充沛的時代已經過去了，取而代之的是資訊工具的大量運用，如ERP及WorkFlow、KM、MES等系統的導入，科技及自動化設備的高度發展，有效的降低了人力的需求，同時也提昇了管理的效能。然而現代上班族即使承受繁重的工作量，仍必須在有限的時間內，完成超越組織期待的表現，因此如何有效率的運用及管理時間，是當前所有職場上班族的重要課題。

在這個不平等的世界上，只有時間是公平的，人無論性別、年齡、貧富、美醜，每個人一天都只有24小時，時間的特性是不能儲存，也不能替代、重返或暫停，因此時間的價值，完全建立在運用的層面上，藉由有效的時間管理，不僅能發揮時間的效益，也能充分顯現時間的價值，以下僅就專業職場上班族應有的時間管理觀念，敘述如下：

時間管理的意義與目的

在這個與時間競賽的時代中，企業組織貫徹執行目標管理，所以研發產品、生產製造、專案執行、會計結帳等各項作業，都訂有嚴謹的完成時限。科技業中的鴻海公司在發展初期，更利用全球時差，執行工程師跨越國境的接力研發，爲的就是壓縮研發工作的完成時限，以期降低成本及滿足客戶的需求。

站在職場的角度而言，時間的具體意義就是工作執行的成果及績效；而時間管理，就是對事件做好控制；管理時間等於管理你自己。

時間管理的目的，在於協助運用時間，來達成個人或組織的目標，同時排定工作的順序，並優先處理重要且有價值的事務，以期用最少時間，創造最大的效益，我們要能體會「贏家事事專注、輸家事事嘗試」的眞義，凡事要能事前規劃、全心投入，否則必定事倍功半。能珍惜時間、善用時間、計劃時間、管理時間，這才是時間管理的具體實踐。

重要的時間管理觀念

(1)巴瑞多的八十／二十原理

百分之二十的時間，產生百分之八十的成效，也就是百分之八十的努力是與成果無關的！

在工作與生活中，我們習常以百分之八十的時間，去執行不重要的任務，對於眞正重要的工作，可能只投入了的百分之二十的時間，如果我們可以加以調整選擇，運用時間的效益一定能大幅的提昇。

(2)柏金森定律（Parkinson LAW）

工作會延伸以便塡滿可供完成工作的時間——如果我們不給予時間底線，則它會自動延長到最後必須結束的時候爲止。

藉口與拖延是現代人的通病，由於個性的怠惰，常常隨手可做的事也會因爲拖延最後變得緊急，結果是工作的品質不佳，也連帶影響了心情與態度，我們都知道拖延的代價，但是一般人常常無法克服惰性，所以拖延是時間管理最大的殺手。

(3)墨菲定律

任何事情都不像它表面所見的那麼簡單，就像學生考試，安排的讀書計劃通常無法順利完成；做每件事情都比想像中更花時間。

各項事務出錯是難免的，錯誤也經常發生在不可能出錯的地方。

墨菲定律告訴我們，如果沒有嚴謹的考量各項變數，所訂定的計劃，總難以在時限內完成！

(4)崔西定律

任何工作的困難度與其執行步驟的數目成正比，例如完成一件工作有五個步驟，這個工作的困難度是二十五，而一項有八個步驟的工作，困難度為六十四。在企業界常取笑經理人：「專業經理人的定義，就是將簡單的工作搞得非常複雜」，賈伯斯在開發產品上崇尚簡單，他曾說「簡單是最高層次的複雜」！值得深思！

簡化工作是時代的趨勢，工作愈簡化，愈有效率且不易出錯！

(5)百分之三十定律

一般人完成工作所需的時間，通常會較所預期的時間多出百分之三十！

時間管理的內涵

一、時間管理的具體展現在自我管理

時間在有效的運用下才會產生價值，虛度的時光是完全沒有效益的，而時間的掌握運

用，係以個人的自我管理爲依歸，現代人十分忙碌，最常掛在嘴邊的話就是「忙、沒時間」，然而，幾年前富邦文教基金會的調查報告指出，國人一生平均看電視的時間是九．五年，九．五年足以讓我們讀完大學及研究所，甚至修完博士學位，但是如果將時間浪擲在電視機前，則個人的成長必定受限。我們常說，我們最大的敵人是「自己」，因爲現代人很難管理好自己，對於自己所訂下的計劃，也多半因爲生活的散漫及無法依進度執行，因此落得「三分鐘熱度」與「虎頭蛇尾」的下場，個人在工作中，要能夠在有限的時間裏，有效率的執行任務、要能夠比別人學習更多的技能；有效的規劃時間與自我管理，是成功的不二法門。

二、掌握時間就是控制成本

「時間就是金錢」，在企業組織中，完成任務的效率十分重要，延宕了新產品推出的時間，可能讓市場與商機拱手讓人；未能及時結出財務報表，也會使得企業失去了決策的契機；而交期的延遲，更會影響企業的信譽與利益，因此在投入人力及時間的資源下，未能得到預期的成效時，這種成本的失控與浪費是十分嚴重的，「競速」是現代組織與個人在經濟社會中永續經營所面臨的挑戰，個人除了要能建立高效率的時間管理觀念，更要善用方法與工具來協助做好時間管理，才能將各項任務「如期如質」的完成。

三、時間管理可以創造生命的意義與價值

個人的成長及組織的存續發展均有賴時間來檢視其成果，因此時間就是生命，有效的運用時間得以創造個人豐富的生命及亮麗的組織營運績效，而個人終生的時間管理運用，則足以塑造一個充實及專業的人生，如果我們瞭解了時間的特性及意義，同時尊重時間與生命，應建立的處事態度就是依據自我的目標，有效的利用時間來完成理想，我們常因為工作久了，對人事、任務及環境熟悉了，就有了惰性，對於工作的熱情及企圖心也不再旺盛，這樣的心境將會令上班族淪入了「多一事，不如少一事」、「得過且過」的情境中，我們會對時間麻木，無視於效率的提昇，並且畏懼、抗拒改變，這樣的結局將使得自我的競爭力喪失，也會使得組織在快速變化的新時代中遭到淘汰。

個人在職場中應有的時間管理觀念

一、所有的時間均用以提昇工作績效、創造組織利潤及完成企業的使命。

二、計劃的落實建立在有效的時間管理基礎。

三、嚴密的時間管理，能有效貫徹組織的執行力。

四、藉由高效率的時間管理，在達成組織任務的過程中，可以培養個人的專業能力及激發成就感，形成高效率的團隊。

五、個人的職場生涯發展，端賴做好時間管理以達成。

時間管理是上班族的關鍵能力

現在是一個績效掛帥的時代，年資與學歷的重要性已逐漸式微，取而代之的是工作的效率及成果，因此在有限的資源下，必須能創造最大的效益，然而時間是一項無法增加的資源，所以在講求速度的環境中，職場上班族每天都在與時間競賽，在工作中，如何有效做好時間管理，以下圖（圖9-1）表示，並分述如下：

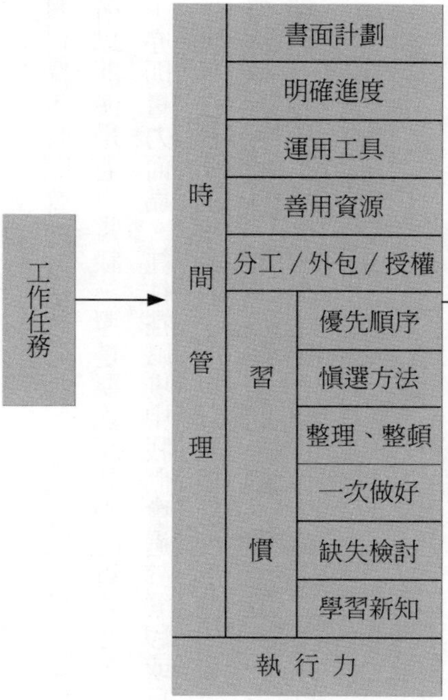

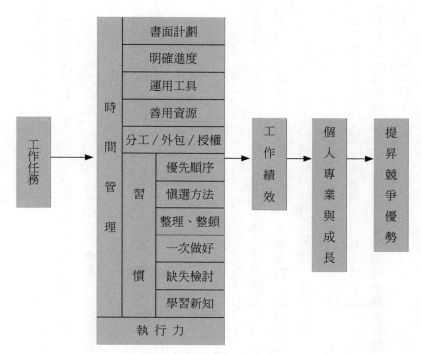

圖9-1　職場時間管理的關鍵能力

一、明確的書面計劃與進度

時間管理必須有具體的標的，沒有目標，時間管理就失去了意義，欠缺明確的工作進度，則時間管理沒有檢討衡量的指標；所以即使是老生常談，還是要強調計劃的重要性，在計劃擬訂時，要注意週延並考量可達成性；亦即量力而為。往往在職場中我們會過於樂觀或盲目的制訂了不夠嚴謹的計劃，在執行之初，就無法依照進度落實，所以計劃與進度形同虛設，這將會影響任務的達成，也會使時間管理無法執行。此外，即使再縝密的計劃，難免受到許多變數的影響，所以計劃還是要能夠機動的調整，才不會流於形式與僵化，也不會虛耗了寶貴的時間。

二、善用工具

資訊工具的發達，使我們能快速的處理大量的資料，同時藉由網路及無線通訊，讓人際間無遠弗屆，有效的時間管理必須善用工具，例如善用網路搜尋功能來蒐集資料、運用ERP產出經營分析數據、用MES來及時掌握生產的訊息、藉由巨量資料的分析研判來掌握服務與商機；此外用手機來管理作息、記錄聯絡人，用FB、Line來經營人脈等等，都是善用現代化科技來使時間管理事半功倍的方法。在這個科技的時代中，運用高科技來達成人性的需求，是人類智慧的重大突破；在工作與生活上，將有限的時間做高效率的運用，各類推陳出新的科技產品將扮演重要的角色。

三、優先順序

大家都知道「重要且急」的事情必須最優先處理，但是在職場中每天不斷的產生「重要又急」的工作，同時每項工作都不是短期可以完成，這時候，「取捨」及重新調整優先順序的難題就產生了，在產業中產品研發最常發生這樣的情形：每個客戶的產品都是最急的，但是研發的資源有限，同時一項產品的研發都耗工費時，不容許每天調整變更，因此資源的盤點與掌握就顯得十分重要，我們要把時間及資源運用在我們擁有競爭優勢的地方，才能以有限的資源創造最大的效益，而上班族在面對各項的工作任務，也必須隨時因應任務的重要性，彈性調整處理的順序，如果因而排擠了其他的工作，應該主動向主管報告，以確認組織最重要及最有價值的任務可以優先被處理，同時也可以尋求人力及物力的支援。

我們仔細的思考工作順序排列的實況，通常職場上班族都將「好做、自己願意做」的事排在第一順位，而眞正對組織有重要貢獻的工作反而一再拖延，因為重要的事情都是棘手且不易處理，因此對於上班族而言，無論是在工作中、生活上，我們一定要自省是否將最重要的事情，運用最多的時間及資源去處理。我們能要求自己去改變態度及克服自己的弱點，才能超越一般上班族逃避的心態，成為一個優質的時間管理者，職場上班族在工作與生活中要能學習判斷事情的優先順序，才能使時間做最有效的運用。

四、「一次就把工作做好」避免重覆的時間浪費

大家在組織中一定會發現，許多問題一再被提出，甚至多年一直未能有效解決，導致時間一再的浪費；例如召開會議，與會人員經常遲到早退，接手機、打電腦、中途離席等等現象層出不窮，使得會議成效大打折扣，但是即使一再提出，如果不能下定決心一次做好，那麼開會的問題就會一再的被檢討，不斷重複的執行改善，命令的公信力及時間的虛擲，都會讓企業內部嚴重內耗，而如果我們去審視組織中的各項工作，類似的情況更是層出不窮、不勝枚舉，而這些基本的時間成本浪費，如果不能被正視與改善，那麼企業內其他重要工作的執行品質可想而知，「一次就把對的事情做好」是一個宣導已久的觀念，所有的職場上班族均能朗朗上口，但是，我們真正做到了嗎？

五、有效運用資源，以強化時間的管控

在積極的時間管理中，有效提昇時間效率的方法，是檢視所擁有的資源，這些資源包括了金錢、資產、技術、知識、人脈及機會，這些都是能夠在時間管理中提供支援及助益的要素，也是企業組織及個人要加以思考與佈局的重點，例如平時建立了人脈的網絡，就能在工作執行時，藉由朋友的協助，提供適合的資訊或案例，自然能加快處理事件的速度，而藉由投資更新設備與技術也能夠強化時間的效益，因此善加運用各類資源是管理時間的一大助力。

六、不斷的學習新知

知識經濟的時代，對於知識的掌握更勝於硬體的架構，要能做好時間管理，必須要不斷的吸收新知，藉由知識的汲取，用新的觀念及方法來面對工作的執行。在工作的職場上，我們要能不斷的以創意來發揮時間的效益，而創意源於知識，所以不斷的學習新知，將有助於上班族提昇時間管理的能力，例如前述科技產品的運用，利用網路及各項行動裝置即可以隨時處理公務、下達決策，讓工作不因爲時間與空間的距離而產生中斷。

七、利用外包/分工與授權

組織任務不斷的專業化、複雜化，再加上速度的要求，企業組織與個人都必須能夠體認；現在是一個合作互助與分工的時代，我們一定要能認清自己的能力與優勢，凡事要能量力而爲，此外，將工作予以外包、與同事分工或是適度授權，這都是時間管理的重要觀念與作法；目前台灣科技產業要能走出代工的模式，許多的科技公司都希望能開發新產品，以研發創新的差異化利潤來取代代工的微利，但是如果在研發資源及人力、技術受限的情況下，凡事都要自己來做，那麼一定會落得一事無成的地步，不但浪費時間金錢，也無法達成產品轉型的目的，因此，在專業分工的趨勢下，我們一定要能跟上時代的腳步，用外包與分工來爭取速度與商機。

八、整理整頓是時間管理的基礎

一個人是否能有好的工作效率，從辦公桌及檔案管理即可看出端倪，許多人常戲稱紊亂的辦公桌是「亂中有序」，如果我們深切去檢視現在職場工作者的多重任務，大家就知道現在的上班族時時都在增加新任務，可能同時要處理許多工作，有的工作要寫計劃、有的工作要電話聯絡、有的要發E-mail、有的要寫簽呈，而且所有的工作都有許多的書面及電子檔資料，如果你的辦公桌雜亂無章、電子檔案不分類管理，絕對不會有高效率的工作績效，而時間管理對你來說毫無意義，你永遠會被時間追著跑。

九、缺失檢討

個人是否能夠成長與進步，檢討改善是重要的因素，職場上班族在工作的執行上永遠要設法提昇效率；熟悉工作的流程、執行的方法、配合的人員等等，是提昇時間管理的過程，但是一個積極的職場人員，要能在工作中不斷的檢視流程、步驟、表單、工具與方法，並思考改善的可能性。在講求創新的趨勢中，工作流程與方法的創新發明，是個人競爭力成長的來源。

一位職場的工作者，一定要能設法將例行工作的處理時間降至最低，這樣才能有時間與機會接觸新工作及新挑戰，一方面豐富工作的內容，同時也能增加自我的本職學能及職場的優勢。

時間管理的精進是在不斷的檢討改善中蛻變而成的。

表9-1　上班族的時間管理檢核表

檢視項目	內容	是	否
工作計劃／目標	工作有訂定書面計劃 工作有訂定明確的執行進度		
善用資源	能善用金錢／設備／技術／人脈等資源		
善用工具	能運用資訊系統／表單等工具		
優先順序	能排定工作的優先順序 最重要且急的工作會優先處理		
彈性調整工作順序	每天能重新審視調整工作的處理順序 遇任務衝突能主動向主管報告及協調		
分工與授權	能視工作任務加以區分並善用分工與授權		
習慣	有重視時間及珍惜生命的觀念 能將書面及電子資料分類整理 能將桌面及抽屜、檔案櫃整理整頓 過期資料離開桌面 了解自己的時間是如何花掉的 能定期檢討自我的時間管理成效 能不陷入時間管理的束縛中		
避免干擾	能訂定不受干擾的固定時間 能過濾電話 能於固定時間回電及聯絡 有適當的空間處理公務 對於別人的請託能量力而為，並視狀況婉拒		

如何在生活中有效做好時間管理

(1)培養良好的作息習慣，並能準時就寢及起床
(2)每天晚間花些時間，規劃次日的工作及行程
(3)做好物品的整理整頓，並放置定位，以利快速取用
(4)上班使用的衣物，前一日完成準備
(5)養成隨時整理資料及分類的習慣
(6)善用等待及零碎的時間
(7)善用資訊工具來做好時間的安排及管理
(8)養成工作記事及安排行事曆的習慣，並且能遵照執行
(9)生活規律、定期運動，塑造健康的身體及良好的體力
(10)住居不堆置雜物，一年未使用的物品，檢討處置
(11)控制看電視及上網的時間
(12)購物應儘量合併處理，以節省採買的時間
(13)不要因爲時間管理而讓自己的生活緊張匆忙、壓力沉重，而成爲時間的奴隸

時間管理的步驟

(1)設定明確的目標
(2)訂定詳盡的書面計劃與執行進度
(3)組織（分類／依重要性排序／訂定時限）
(4)刪除（刪除不重要／不必要的工作——想得太多，會分散力量）
(5)養成習慣（列表／組織／刪除——養成習慣）
(6)獲得成就感

成爲一個優質的時間管理者

時間的競技場

在競賽場上，○．一秒決定勝負，而職場上「時間」也是成功的關鍵因素，根據調查報告，台灣是全世界工時最長的國家之一，但我們的績效卻不是最好的，也有研究指出，現代人生活不快樂的重要原因，在於不能掌握自己的生活，亦即無法管理好自己；我們不論在職場或生活上，最重要的是能找到快樂，而自我實現，是生命中最大的喜悅。去掌握時間，便能掌握自己的生命與人生，能了解自我的人生目標，並做好時間管理，勇於實現理想，就不會到頭來感嘆虛度了光陰，因為你知道人生的每一分鐘都是在努力朝向自己的目標前進。

養成工作節奏

時間無聲無息的不斷前進，我們可以閉上眼睛去體會漫長的三分鐘，也可以在飛逝的時光中，感歎時間的無情，我們一定要能及早養成及找到自我的時間節奏，才能在時間的滴答聲中，提高時間管理的效率，每個人都有屬於自己運用時間的特性，有些人在早上最有精神，有些人在夜深人靜時，才能靜心思考，考量自我的工作習性與特質，在工作與日常生活中利用不同的時段處理不同的工作，將運用時間的節奏加以養成，並落實執行，就能夠培養專注的態度，同時建立自己在職場中的競爭特質。

選擇不做的事項

要做的事情太多，而時間有限，所以選擇「不做什麼」是重要的觀念，在職場的工作中，工作任務的重疊交錯是經常有的現象，為了能發揮時間的效益，取捨之間必須十分精確，經過記錄與分析，就能夠將不重要、不必要、不急的工作取消或延後，「選擇」是時間管理的重要觀念，也是善用時間的積極作為。

意志力成就時間管理

時間的管理與運用是建立在「堅持理想」的動力上，堅定的意志力是養成習慣的要素，如果我們空有觀念而不能開始調整改變，那麼你的時間將會虛耗在不斷的空想與失敗中，我們都知道時間有限，也都知道必須計劃管理時間，成功者與失敗者，唯一差異是執行的動力與意志。

職場小叮嚀

計劃是成功的根本，
要達成組織的使命，訂定計劃並落實執行，
是職場上班族力行的準則。
在計劃的執行中，
「差異分析」與「改善對策」是執行管控的精髓，
要成爲職場中的贏家，
別忘了凡事「永遠要有計劃」！

第十章　上班族的計劃管理

一個專業的上班族在工作中必須依照組織的目標訂定工作計劃及執行進度，而企業使命及願景的達成，也有賴各機能部門及人員周詳的計劃及貫徹執行力方能完成。世界級的管理大師彼得．杜拉克曾指出「管理是一項崇高的使命，也是一種實務，因為唯有透過實踐的工夫，才能獲得預期的成果；若要使一群平凡的人做出不平凡的事，唯有透過『目標管理』與『自我控制』才可實現」。在台灣的企業組織中，許多公司每年都訂定年度預算及計劃，但是空有書面的作業，若未訂定嚴謹明確的數據目標，或在執行／追蹤及管控上與計劃、進度脫節，那麼每年都無法達成組織目標，也無法深入探究原因之所在。如此，不但不能讓公司的短、中、長期目標依序達成，也會使組織成員養成得過且過、因循苟且的工作心態，進而影響公司的永續發展及員工專業的提昇。

本章即是介紹企業實施目標管理及計劃訂定與執行的實務作業，期使職場上班族能了解實際的作業方法及步驟，以扮演一位稱職且專業的職場工作者。以下先將公司整體計劃的訂定步驟概述說明如下：

企業年度計劃的內容

企業組織在年度計劃中應訂定的重要內容，謹以部門爲區分，表列（表10-1）如下，以供參考：

表10-1　組織年度計劃項目

部門區分	目標／計劃項目	備註
企業組織整體目標	＊年度營業額、業績目標 ＊各部門費用率 ＊獲利率	區分產品別／地區別
產品部門	＊產品發展及開發計劃 ＊產品合作計劃 ＊技術引進計劃 ＊產品生命週期規劃	
人力資源部門	＊年度人力需求計劃 ＊組織規劃 ＊考核計劃 ＊年度訓練計劃 ＊召募計劃與雇主品牌 ＊管理制度規劃 ＊薪酬與福利規劃 ＊總務成本管控及改善計劃	向各單位調查並分析彙整

部門區分	目標／計劃項目	備註
業務部門	＊年度及每月營業額 ＊每月產品銷售預估 ＊產品行銷計劃（參展／廣告） ＊客戶開發與服務計劃 ＊出差計劃	
製造部門	＊生產計劃 ＊良率目標 ＊損耗率目標 ＊交期目標 ＊倉儲管理計劃	
研發部門	＊產品研發與改良計劃 ＊新產品開發時程目標 ＊產品除錯目標	
採購部門	＊採購交期目標 ＊降低成本目標 ＊供應廠商開發與管理計劃	
資訊部門	＊資訊系統建置計劃 ＊網路安全管理計劃	
稽核室	＊年度稽核計劃	
總經理室／董事長室	＊媒體公關計劃 ＊專案推動計劃 ＊分公司營運管理計劃 ＊新事業及轉投資專案評估及規劃	
財會部門	＊應收帳款政策 ＊授信額度政策 ＊結帳品質及效率 ＊銀行授信與融資規劃 ＊資金避險及投資管控規劃	

5W2H1E分析法

二次世界大戰，美軍使用的5W2H1E法（表10-2），運用在設計及管理等作業上，而這項簡單、方便、易於理解的分析法，目前廣泛的被企業體採用，公司依循5W2H1E法，將可有效的運用在計劃內容的規劃及檢核上，有助於計劃的制訂與執行。

企業組織年度目標訂定的步驟

每年十月份開始，所有的企業組織都開始積極的展開年度計劃與預算的編製作業，以下謹將年度計劃訂定的程序概述如表10-3。

依照表中列出的步驟，經營者發佈了營運目標後，組織內的各階主管將據以擬訂部門的年度計劃／工作進度與預算，此外，通常會召開部門（或個人）年度計劃的發表會議，主要與會成員爲經營者及各部門主管，期

表10-2　5W2H1E

5W 2H 1E		
Why	為什麼？	計劃的起源、原因
What	什麼？	計劃的目的與內容
Where	何處？	計劃執行的地點，從何著手
When	何時？	計劃執行的進度及時限
Who	誰？	何人負責？相關人員
How	如何？	怎麼做？執行的方法
How much	多少？	預算及費用
Effect	效果？	效果、成效

表10-3　年度計劃訂定的步驟

步驟	工作項目	作業內容	備註
一	年度工作檢討	★針對本年度之工作計劃執行情形進行檢討，其中包括計劃達成／差異分析及原因檢討 ★未完成的作業，考量是否遞延至次年繼續執行。	在訂定新的年度計劃前需對今年的工作做詳細的執行檢討
二	組織內外部環境分析	★在訂定新年度的目標／計劃之前，須對組織的內外部環境做客觀的分析，以支持後續計劃之訂定 ★以財會部門為例，其所考量的內外部因素為：組織內部的財務狀況、相關政策及外部之產業政策、相關法令、匯率走勢、稅務法規之修訂等等。	
三	人力及資源盤點	★各機能部門需盤點組織／人力及相關設備等資源以因應未來的工作計劃 ★個人自我也必須對自己的能力、技術、經驗及未來面對工作的挑戰做自我的能力盤點	
四	訂定組織營運目標	★依據內外部環境及組織的能力，訂定合理的組織營運目標	目標必須明確並可衡量及驗證
五	部門／個人目標的訂定	★各機能部門及個人的工作計劃及進度必須切合企業的整體方向及目標	

使各主管均能瞭解各單位所訂的年度計劃及進度，除了清楚各部門的工作方向外，並相互研討支援配合的措施；而經過年度計劃發表會議之討論及修訂後，即可確認來年的部門年度計劃／預算及工作進度。

計劃與預算是一體的兩面，擬訂計劃後的預算編製作業頗爲專業與繁複，茲將年度預算的編製程序提供讀者參考：

1. 會計科目定義與範圍界定須明確
2. 財會單位要準備前一年的各項費用支出供參考
3. 總目標應訂定各項重大費用支出的比例
4. 確認組織的收／付款及應收帳款政策
5. 財會單位準備工作底稿及相關表格（或於預算系統中作業）
6. 舉辦預算編製說明研討會
7. 各部門於期限內完成年度計劃及預算編製（舉辦發表及報告會議）
8. 財會部門彙整並進行試算
9. 經營者評估調整預算
10. 相關單位及財會部門修正預算（修改作業可能需要數次）
11. 確認預算並交付執行

年度計劃訂定之注意事項

1. 計劃需做效益評估，以確定付諸執行之意義
2. 需爲可量化的目標、以作爲衡量成效的依據
3. 需訂定明確的執行計劃／進度及承辦人
4. 需訂定詳實的書面計劃
5. 需因應計劃之需要，提出其他部門／人員配合及內外部之支援作業項目
6. 年度計劃可因應內外部環境變化做必要調整，但不可過於頻繁，約爲半年檢討調整一次
7. 無論是組織或部門的年度計劃及進度均應善用會議宣導，讓所有同仁清楚知悉並凝聚共識

年度目標展開程序

組織的年度目標，通常是由經營階層審慎思考後佈達，其中包括營業目標、獲利率、新產品策略、新市場開發、應收帳款等公司整體性的目標，所有的目標都必須有明確的數據，以利各單位據以規劃部門的計劃，部門的計劃又要能落實到個人，因此所有的計劃都必須以書面及

表格的方式呈現，以利執行、管控及檢討。

目標訂定的原則是「站著摸不到，跳起來摸得到」，意即設定目標要具有挑戰性，如果設定了一個低水平的目標，即使達成任務，對組織的成長並無助益。

然而企業經營者經常有所迷思，爲了表達企圖心，都會以當年的經營績效，設定次年的營運成長目標，例如今年的營業額爲十億，明年即設定爲十二億（成長百分之二十），但如果在新產品及新通路、新客戶等沒有明確具體的腹案，或者忽略了組織內外部的環境變遷與競爭因素，那麼開完年度計劃會議後，走出會議室，就已經宣判計劃無法達成，因此，要能落實計畫管理，合理可行的目標是重要的關鍵因素，以免年復一年的計劃作業淪爲企業的年度大拜拜。

年度計劃之管控

組織內的總目標及部門/個人計劃均需列入管控，同時定期檢討（通常爲一個月），主要針對目標的達成、差異、原因、問題、改善方案等，提具檢討及改善之方案，以期能確實完成組織的使命，而計劃的達成狀況並將成爲考核部門及個人績效的直接依據。因此，個人的職場發展與專業均與計劃完成及成果息息相關。

另外，特別必須提出的重點是：在組織內每月份的工作檢討會議中，部門主管及個人應針對目標達成差異部份，提出具體客觀的分析及檢討，同時提出改善的方案及措施；在公私部門中，經常發生的是，預訂的工作目標無法如期完成時，針對未能完成的理由申辯過多；一再解釋或卸責/推拖，而忽略了提出改善對策的重要性，畢竟，如何達成目標才是組織最終的目的。因此，一個專業盡責的上班族，應有以目標達成爲職志的觀念與態度，養成這樣的專業素養及形象，將使你在工作職場中無往不利，並且成爲備受企業器重的生力軍。

此外，已有很多組織是逐日檢視計劃達成的狀況，所以推動「日報」的管理制度，從基層人員至高階主管都必須在下班前花五分鐘塡寫日報，並以E-mail傳送給上一階主管，以每日掌握工作的進度，並確保組織目標能夠達成。通常大多數企業組織是每月定期研討年度目標達成狀況，較之每日追蹤，其運用的差異與成效，值得大家因應不同業態及管理文化，去評估與運用做法。

個人在組織中對計劃應有的認知

大多數上班族對於「訂計劃」、「設目標」都很排斥，一方面是作業繁瑣，其次目標就像是框住孫悟空的金箍咒，讓人備受限制且壓力沉重，然而，要讓企業組織齊心協力、向既定的方向前進，同時創造預期的績效，沒有嚴密的計劃，絕對無法整合資源、排除風險、迎向勝利。

謹將個人在組織中對計劃應有認知，條列於後：

1. 要能清楚的了解組織（主管）的目標與期望，如不清楚應溝通確認
2. 依據組織（主管）所賦予之目標，訂定執行計劃，並取得主管的認同
3. 對自身能力及經驗不足處，應提出訓練及其他支援的請求
4. 在執行工作時，應注意執行與計劃之差異，並做必要的調整與應變
5. 對於長期的工作計劃，應保持鍥而不捨的精神與絕不放棄的態度
6. 即使計劃失敗，也必須清楚的分析原因並檢討改善
7. 各項計劃之執行應保持完整的資料檔案，以便日後查考及參閱
8. 整體的企業使命是由組織成員達成設定目標累積而成
9. 面對困難、解決問題是計劃執行最有價值的歷練
10. 個人的價值在於是否能完成組織交付的任務並創造績效

雖然在這個變化快速的時代中，「計劃常常趕不上變化」，但是如果不去蒐集資訊、分析市場、規劃產品，並訂定可行的方案，就會使組織迷失方向、虛耗資源，並且失去了營運的效能。

計劃是成功的根本，不能事前考量各種因素，就會增加失敗的機率，因此，要能培養自我的專業素養，建立訂定訂劃與管控的觀念與能力，是非常重要的，我們要在日常就嘗試做書面的計劃，藉由教育訓練及實做來培養作業技能；在職場中快速的結合組織的計劃運作機制，方能在計劃管理的作業上得到肯定與認同。

表10-4　組織年度計劃／預算執行的步驟

執行步驟	內容	準備工作及資料
擬訂年度計劃與預算作業的時程	＊排定書面的執行進度	＊承辦部門研討訂定作業進度
實施作業的訓練及說明	＊說明預算編製的流程、進度、使用表格與相關作業須知 ＊提供當年的預算執行數據及會計科目分類表，以利各單位編列預算	＊部門主管與協助的承辦人員均應列席參加
經營檢討及制訂新年度目標	＊檢討本年度的計劃達成情形及計劃執行的缺失 ＊研擬次年的年度目標	＊經營報表及書面的檢討報告
制定佈達新年度的目標	＊除了組織整體營業目標、獲利率外，並訂定各部門的重要目標 ＊目標應明確佈達	＊書面的計劃目標及數據
經營者與部門主管研討	＊為了確保各部門依據總目標所制定的計劃能符合組織的預期，經營者宜排定與部門一級主管會談的時間，以溝通達成目標的計畫方向	＊一級主管要能將達成組織目標的方案做書面的整理，以利與經營者研討
各單位逐層佈達目標與計劃	＊各部門依部級、課級等逐一佈達組織目標	＊組織內所有成員必須能清楚的了解組織的目標內容
訂定部門計劃與預算	＊計劃／預算須由上而下訂定	＊依據規範的表格詳實填寫 ＊計劃必須落實到最基層

執行步驟	內容	準備工作及資料
計劃彙整及預算試算	*各部門訂定之計劃及預算由承辦部門彙整試算	*計劃部份通常由管理部門或總經理室彙整 *預算部份則由財會部門審查試算 *一般來說本項的作業通常要往返數次，才能完成
計劃研討報告會議	*各部門將擬訂的計劃／預算向上階主管提報，以獲取主管同意	*在報告的過程中，尚須針對有問題處加以修改計劃與預算
年度計劃／預算研討會	*在年度開始前由經營者與一級單位主管，共同召開會議確認次年的計劃與預算	*經研討確認的年度計劃與預算經簽核後，交由承辦部門存檔並管制執行。
年度計劃與預算管控	*定期檢討計劃／預算達成狀況	*各部門對於計劃/預算之差異必須提出差異分析及改善對策 *年度計劃與預算的執行要能與績效及獎懲結合

計劃的調整／差異分析與改善對策

再週延的計劃，在面對環境的變遷與策略的調整，總有需要改變之處，計劃只是預先就歷史資料的分析及環境的預測，所規劃的執行作業，因此如果計劃已不能符合經營的需求，就必須調整，然而調整的頻度不可過高，否則將會嚴重的影響執行的效率，通常約三至六個月檢討調整計劃一次，另組織年度計劃是牽一髮而動全身的，一項目標與計劃的改變，可能影響所有的部門，例如，營業目標的調整，可能對業務人員的召募與訓練、新產品的開發、參展／廣告及各項預算都有所影響，因此要審慎爲之。

而在計劃執行的過程中，難免產生與預訂目標／數據／進度及成果的差異，如果嚴謹的執行計劃管控，責任單位就必須提出差異分析，不論是落後或超前，都必須詳加分析原因，如此才能夠對於計劃／預算的執行及管控更爲成熟。

在組織中，通常在訂定年度計劃與預算時大張旗鼓，但在檢討差異時卻輕描淡寫，無怪乎「執行力」一書中，明確的告訴我們「執行力不彰」是企業組織中的大黑洞。

改善對策是另一個計劃執行的重點，有了詳實的差異分析，就要提出具體的改善對策，一個專業的職場工作者，應該負責的對差異狀況，提出可行的對策，如此才是落實組織目標的積極作爲。

年度計劃與預算是組織工作執行的依據，身爲一個專業的上班族一定要能具備制訂計劃、明確進度、差異分析、改善對策的能力，才能使組織的績效落實，並能藉由計劃管理來稽核、檢驗計劃執行的績效。

表10-5　年度計劃的作業表格

<table>
<tr><th colspan="5">公司　　年度
部門／個人：　年度工作目標</th></tr>
<tr><td>公司（部門）營運目標</td><td colspan="4">一、
二、
三、
四、</td></tr>
<tr><td rowspan="16">部門（個人）總目標</td><td>NO</td><td>項　目</td><td>目標值</td><td>備　註</td></tr>
<tr><td>1</td><td></td><td></td><td></td></tr>
<tr><td>2</td><td></td><td></td><td></td></tr>
<tr><td>3</td><td></td><td></td><td></td></tr>
<tr><td>4</td><td></td><td></td><td></td></tr>
<tr><td>5</td><td></td><td></td><td></td></tr>
<tr><td>6</td><td></td><td></td><td></td></tr>
<tr><td>7</td><td></td><td></td><td></td></tr>
<tr><td>8</td><td></td><td></td><td></td></tr>
<tr><td>9</td><td></td><td></td><td></td></tr>
<tr><td>10</td><td></td><td></td><td></td></tr>
<tr><td>11</td><td></td><td></td><td></td></tr>
<tr><td>12</td><td></td><td></td><td></td></tr>
<tr><td>13</td><td></td><td></td><td></td></tr>
<tr><td>14</td><td></td><td></td><td></td></tr>
<tr><td>15</td><td></td><td></td><td></td></tr>
</table>

表10-6　年度工作計劃一覽表

年　　　部門 年度工作計劃一覽表																	
目標編號	工作計劃		負責部門／人員	時程	工作內容	第一季			第二季			第三季			第四季		
	編號	項目				1	2	3	4	5	6	7	8	9	10	11	12
				/ - /													
				/ - /													
				/ - /													
				/ - /													
				/ - /													
				/ - /													
				/ - /													
				/ - /													
				/ - /													
				/ - /													
				/ - /													
				/ - /													
				/ - /													
				/ - /													
				/ - /													
				/ - /													
				/ - /													

表10-7 年度計劃檢討一覽表

年度計劃的檢討（年／季／月）					
目標編號	工作時間	負責部門／人員	計劃目標	差異分析	改善對策

職場小叮嚀

在知識經濟與科技發達的時代中，
在倫理誠信蕩然的現在社會，
誠信是要被掃入歷史的灰燼中，還是要被寶貝珍視？
誠信是值得重視的美德？還是陳年的舊習？
我們要肯定倫理，抑或是迎合狡詐？
崇尚倫理、守信重義，是現代上班族不變的選擇，
也是職場上可長可久的利基！

第十一章 職場工作倫理

每個企業組織均有不同的文化及規範，上班族在職場中必須能快速的適應環境，同時一個稱職專業的職場工作者，更應具備工作倫理的觀念及有爲有守的品行與廉潔的操守，才能在工作中，受到長官、同仁、客戶的尊重與信任。

新世代職場工作者，由於自我的意識較強，此外，在教育體制中，未能重視落實倫理教育，而且整體社會體系朝向自由化、個人化的趨勢演進，過度民主與多元的環境中，是非觀念遭到扭曲，公義眞理無法伸張，因此上班族往往在投入職場後，在工作倫理的觀念上較爲薄弱，也因此常常違反了工作的規範與紀律，連帶的影響了工作的專業及個人形象，甚至因而觸犯了法律。因此，本章將探討工作職場實務上面對的工作倫理，期使所有職場的工作者能有清楚的認識，並能重視工作倫理及個人的職場信譽，以期能成爲一個全方位的職場專業人才。

一九九五年八月爆發的「國票百億金融弊案」，國票員工楊瑞仁在長達一年的作案時間，以假造的商業本票從台銀騙走新台幣近百億元，炒作高興昌股票，這個嚴重違反工作倫理的案件，使得股市重挫、國票被異常提領二百七十億元，同時中央銀行更因此釋出七百一十四億元，穩定國內金融；而國票的二百位員工、十四萬名股東及社會國家都因此案而遭致嚴重的影響與損失。二〇〇三年知名的理律國際法律事務所，員工劉偉杰僞造印鑑，盜賣「美商新帝」委託理律事務所之聯電股票一億二仟一佰股，計新台幣二十九億九千零八十六萬元，也造成了理律的重大損失，這都是工作道德淪喪、工作倫理蕩然的典型案例。因此，一個優質的職場工作者，在工作倫理上必須要有清楚的觀念與認知，才能在競爭的社會中受人尊重並得到經營者的信任與肯定。

以下謹先就工作倫理的相關內容敘述如下：

倫理的定義及企業相關的倫理範疇

「倫理即是提供若干基本原則，以茲遵循、並據以判斷行爲的善惡或是非」，而在這個定義下，與企業組織相關的倫理議題就有企業倫理、勞資倫理及員工工作的倫理規範，一個國家／社會／組織，穩定運行的動力來源即是「倫理」，因此倫理是一個被認同的行事法則，然而「倫理」不僅限於書面或法律及制度的訂定，更多表現在態度與行爲上，因此我們要能在職場中有爲有守、受到肯定與尊重，對於倫理的認知及奉行，是重要的依據。

1. 企業倫理

國內在「企業倫理」上有深厚研究並大力推動的學者孫震先生，將企業倫理定義如下：「企業倫理是企業永續經營的基礎。只有在遵守企業倫理的原則上追求利潤，企業才能在長期中生存發展，並受到社會的尊重；也才能達成私利與公益和諧的目標。企業倫理是社會倫理的一部份，有助於社會倫理的發展，形成一個更有利於企業求成長與個人求幸福的文化環境。」

從台灣近年所發生的黑心電視、黑心床墊、黑心食品等案例，及大陸的各種仿冒、劣質產品中都可以發現企業組織違背倫理、賺黑心錢的行徑；其所造成的惡質形象，及對於消費者健康/權益的漠視，這樣的組織與黑心行爲終會被法律制裁，並爲社會及消費者唾棄。

二〇一三年台灣爆發塑化劑、毒澱粉及科技廠商排放工業廢水污染河川事件；由齊柏林所拍攝的「發現台灣」記錄片，美麗山川大地遭受破壞，很多都是不肖企業爲圖一己私利，罔顧環境生態的惡行，期許企業經營者能站在永續經營及「取之於社會、用之於社會」的良知，對生態環境、消費者權益與員工福祉善盡企業的責任與倫理。

2. 勞資倫理

吳永猛、余坤東、陳松柏所著的「企業倫理」一書中，闡述勞資和諧是企業組織營運的基礎，而在倫理的建構上，雇主有支付薪酬、提供福利、建構合法的勞動條件及尊重受僱員工等道德責任，期能建立一個良好的工作環境；而員工對於組織也必須善盡工作倫理，須能尊重雇主、接受領導、並忠於組織與工作，同時要能展現誠信與專業，並致力於工作使命的達成，勞資雙方都能善盡倫理的規範，即能創造勞資雙贏的境界。

工作倫理

學者指出「從員工的角度而言，工作倫理即是善盡其職責（包括在法令及道德的規範下服從職務的指揮），以追求組織目標的達成」。

企業組織爲了達成願景及目標，同時藉由分工來協同合作，因此均會設計組織圖，而形成一個層次區分，權責分明的體系，而組織中由於專業、功能的差異與職務的高低，也會形成一個支援、諮詢、管理的網絡，因此，爲了能有系統、有效率的達成企業使命，必需強調、重視指揮及從屬的體系，而身爲組織成員也要能尊重公司的各項規範，同時重視工作倫理，才能發揮整體的力量，營造一個優質的組織環境，工作倫理可以形成文化與紀律，而紀律與文化才是力量的源頭，我們千萬不要忽視了工作倫理的重要性。講求「人性化」的組織，是尊重團隊、尊重專業、尊重工作、尊重人性，而這些都必須建構在倫理的體系中，如果把人性化曲解爲放縱、違紀、散漫，這樣的組織與個人是不會有競爭力的。

工作倫理的重要性

1. 工作倫理是組織運作的基礎
2. 上班族的工作倫理是塑造專業形象的基本課題
3. 工作倫理能夠促使團隊合作及建立互信與共識
4. 工作倫理能夠創造勞資和諧、互助雙贏
5. 職場工作倫理建構在學校教育、社會教化與自我的工作價值觀
6. 具備工作倫理的觀念與態度，是職場優勢競爭力的來源

職場中主要的工作倫理議題

*迴避金錢與利益

金錢與私利是工作中對人性的最大考驗，在講求關係的中國社會中，我們如何能在工作中謹守本份，同時堅守工作的專業與操守，是職場工作的重要守則，熟悉中國大陸的人都知道，在人治的社會中，「事事講關係、處處收回扣」的現象普遍，很多的機構都是「內舉不避親」，形成了複雜的利益共生團體，在這種情況下，所做的各項決策，經常是「個人的利益」超越了「組織的利益」，因此專業的職場工作者，要能夠把持自己、同時不受利益所誘惑。

在利益迴避的的課題中，我們要強調：不要放任金錢及利益去測試人性的機會，應該以制度來預防人性的弱點，克制人爲弊端發生的機會，例如很多的公司，禁止二等親以內的親屬在同一公司或部門任職（甚至同一部門限制同學校畢業的人數）、禁止向關係人採購，制訂完備的採購招標流程；而內部控制制度及稽核作業，即是在防止舞弊的情事發生；操守及誠信一直是組織對成員的首要要求，因此職場上班族必須重視個人的品行與操守，才能經營長遠的職場生涯。

*保守業務秘密

保密是工作中的基本倫理，競爭的環境中，商業機密的外洩將會損及公司的利益，甚至於危及組織的存續；近年來國內各大科技廠商屢傳研發主管，將機密產品技術洩露競爭對手的案例，造成企業及國家的損失。

目前企業組織在任用新人或各項對外合作案中，都必須簽訂保密合約，確立相關的權利義務與法律責任，就是要強調商業機密的價值與重要性，並且保障組織的權益。

職場工作者在工作中一定要能注意保守業務的秘密，尤其是在網路發達的時代中，更要能隨時留意可能洩密的管道，才能善盡自我的保密責任，並能確保組織的權益；在網路資訊化的環境中，資料的存取與傳輸極爲便利，組織機密外洩的管道多且不易設防，要能保護企業的營業秘密，最重要的是從業人員要能從自我做起，具備工作的倫理規範，才是最根本的解決之道。

此外，在工作中不要去刺探不屬於自己應該知悉的機密，在職場中組織常會以顏色管理來區分文件的的處理時限與機密等級，例如：白色卷宗（普通件）、紅色卷宗（速件）、黃色卷宗（密件），在公文傳遞及批閱的過程中，不要去翻閱及探詢不該知道的機密，如此除了能奉行工作倫理也能避免機密外洩。

容易造成機密外洩的管道，提供參考如下：

1. 任意攜出檔案或資料
2. 機密資料未做適度的管理與管制（未妥善存檔、或在傳送過程中外洩）
3. 外賓管制不當，隨意進入工作區，導致機密外洩
4. 由網路、各類存取裝置或E-mail管道流出
5. 由不當的談話或發言中洩漏
6. 以企業機密交換不當的利益
7. 離職人員攜出
8. 廢棄資料處置不當
9. 駭客入侵

＊尊重工作職務所賦予的權利與責任

工作倫理中，我們首先要尊重的是組織所賦予的工作權利與責任，對於工作職掌中所應擔負的任務，要有積極任事的態度，同時要能竭力達成企業使命，此外，要能善加運用職務／職

位所給予的權力與資源。權力與責任是一體的兩面，權力是爲了達成經營任務而賦予的，因此不論擔任何種職務，能尊重工作、善用權力、達成任務是職場上班族所應有的認知；例如主管人員被組織賦予統率團隊的責任，因此對於部門內人員的出勤、工作紀律、人際互動、行爲舉止都必須善用權力來管控，而不單只是注重工作的績效；而一般同仁則必須勠力達成主管與組織所交付的任務，一個具有倫理文化的組織，一定是一個能夠彰顯責任意識的團隊。

＊不公器私用

職場中最常見的公器私用狀況有：私人電話、非公務使用網路資源、影印私人文件、私用公務車等等，我們要能認知，公司所有的有形、無形資源，都是用以創造獲利，並追求股東權益的極大化，如果員工公器私用，就會侵蝕了組織的利潤並影響工作的正常運作，例如組織的成員如果都私自在工作時間上網，那麼就會佔據了頻寬，而造成公務傳輸的障礙；或是過度撥打私人電話，也會使公務的聯絡受到限制，我們常以爲工作時間上網、打私人電話是人之常情，久而久之原本錯誤的作法，就會變成正常，而風行草偃的結果，會形成不良的組織文化，進而直接影響工作的士氣與績效。工作倫理必須從小處做起，而在組織中建立正確的心態與行爲，是提振工作倫理的方法。

然而在這個資訊化的時代中，要嚴格的禁止私人電話、上網等行爲，也會讓員工覺得不夠人性化；工作倫理的展現要從工作者的自我認知與自我約束做起，由組織單方面來要求，一定會造成員工的批評與不滿，而形成勞資的緊張，所以，職場從業人員要能善加體會，而勞資雙方也要有所分寸，才能高度發揮公司所有資源的效益。

＊競業禁止

我們站在法律的層面去探討競業禁止，將會發現一般企業體所簽訂的競業禁止條款很難成立，因爲在法律的要件必須提出具體的損害證據，這在舉證上有很大的困難，然而在工作的倫理面來看，我們在工作中學習的種種經驗，如果離職後立刻投入競爭對手的陣營中，實在是有違工作的倫理及情義，尤其如果又以所習得的知識與技能在商場上打擊老東家，這樣的行徑將會受到道德的質疑，我們不是要當一個不食人間煙火的職場聖人，但是身在職場中，如何在同業的競爭及挖角中，保持自己的原則，及在競業禁止中，於法律與倫理情義中找到一個平衡點，考驗著職場上班族的智慧。

＊尊重智慧財產

現在是一個「知識經濟」的時代，知識是創造價值、形成差異的元素，而智慧財產值得所有組織與個人予以重視；以往台灣以仿冒聞名，被稱爲「海盜王國」，在國家形象及產業的發展上，受到國際社會的批評，但是在人民智識提昇、國際合作互動的趨勢下，組織與個人都應秉持倫理的認知，尊重智慧財產，使我們能得到自信與尊重。

以下謹就上班族個人在日常工作應重視的倫理要點，表列（表11-1）如下：

表11-1 上班族工作中應重視的倫理要點

區分	做法
制度面	＊遵守組織的章則彙編 ＊遵照組織的從屬／報告與分工系統 ＊服從主管的領導指揮
工作職責	＊尊重工作所賦予的責任及善用權力與資源
態度與行為	＊在工作職場對主管應尊稱其職務，例如：陳經理、李副總 ＊主管詢答時，應起身應答，以示尊重 ＊不惡意批評同仁與主管 ＊不越級報告 ＊簽名負責 ＊善用公司資源，不公器私用 ＊有承認錯誤接受處分的勇氣 ＊離職交接清楚詳實 ＊保守公司機密 ＊尊重少數，服從多數

職場小叮嚀

商業禮節是現代上班族不可或缺的觀念與能力，
上班族在專業的形象中，
專業知識與商業禮儀，
是形於內外、相互襯托的智識與行爲規範，
要能在職場中凝聚人氣，同時受人歡迎與敬重，
良好的應對進退及謙沖合宜的禮儀，
絕對是與人爲善，廣結善緣的重要特質。

第十二章　商業禮儀

一個專業的上班族在專業知識以外，商業禮儀是十分重要的，商場上以禮相待，良好的應對進退及待人以禮、穩重從容的態度，更能襯托專業形象與氣質，除能受到歡迎外，也容易建立良好的人際關係，對於工作的推動及執行，有極大的助益，然而在職場中由於每個人所擔任的工作與職務不同，所以也有不同的行爲規範，以下謹就商業禮儀的重要觀念分述如下：

給他人留下好的「第一印象」

「第一印象」之所以重要，因爲「第一印象」只有一次建立的機會，在職場中不論是應徵面談、拜訪客戶、甚至於電話連絡與諮詢，第一印象的好壞足以影響後續的合作關係與工作任務的成敗，所以在工作環境及社交場合，必須要能注意小節、進退有據，並且隨時留給他人良好的第一印象，這是職場工作成功的關鍵因素。

幽默感是受人歡迎的重要元素

平易近人、幽默風趣是在職場上形成焦點、受人愛戴的主因，要能展現幽默風趣不是嬉皮笑臉、講講笑話就能達成，而是必須要能具備主動積極、熱忱有禮的態度，加上尊重他人、謙虛自持的個性特質，同時能夠自我解嘲、將心比心，並且廣博見聞，才能成爲受人歡迎的職場人士；具有幽默感往往也是觀察入微、善體人意的表徵，能在職場中養成幽默感，可以使緊張繁忙的工作，增加喜悅與樂趣，也能結交朋友、廣結善緣，拓展寬闊的人際網絡。

微笑是成功者最大的特質

要能營造好的人際關係，「微笑」是最基本的禮節，「微笑」可以代表友善、化解敵意，「微笑」也可以拉近彼此的距離，並且營造高度的親和力，所以著名的王品牛排餐廳，在培訓服務人員時，要求所有人員面對客戶時要能露出「牙齒七顆半」，來呈現最完美與誠心的「微笑」，歡迎客人的光臨。簡單的「微笑」，就能讓人備感溫馨，同時展現禮儀與友善，我們何樂而不爲。

簡單容易的「傾聽」禮節

現代人在任何事情上，大多是急於表達與說明，很少有耐心讓人將話說完，此外由於「個人自我意識」的強烈，所以，常常也是選擇性的聽話，對於不投己所好的話，不自主就會流露出不認同的肢體語言，這樣的行為，在禮節上是非常不得體的。在工作及社交場合，要能學習尊重他人說話的禮儀，同時別打斷或強行插話，這雖是基本的禮節，卻也是忙碌心急的現代職場上班族常犯的錯誤，此外，擁有良好的傾聽能力，適時合宜的肢體語言，都是彰顯禮儀及雍容風範應有的作為。

「真誠讚美」贏得人心

主管與部屬雖是從屬關係，然而彼此間也有許多的禮儀規範，部屬要能尊稱主管的稱謂，而事前請假、逐級報告、公文簽呈等都是身為部屬所必須謹守的禮儀；而主管則要能適時的讚賞與激勵同仁，此外，主管要能待部屬以禮，常說「請、謝謝、對不起」，這是待人接物的基本原則，也是現代人必須重新學習的生活細節。

主管人員在工作上領導部屬，要求達成工作任務，但是也要能尊重部屬的自尊與感受，同時勇於承擔工作成敗的責任，另外不可任意責罵屬下；許多主管過於情緒化或無法管理自我的脾氣，往往會在失控的情緒下，錯怪了屬下，除了有失上下的禮儀，也會失去了部屬的人心與士氣。

一般職場的商業禮儀

在職場上應注意的商業禮儀很多，本文謹就職場上班族最常運用的部份，表列（表12-1）說明如下：

表12-1 職場上班族經常運用的商業禮儀

項目	作法	備註
介紹	將卑位者介紹予尊位者 例如將低階者介紹給高階者，將年輕者介紹予年長者	
穿著	合宜的穿著是尊重自己／尊重他人的具體表現。 工作場合以穿著正式服裝為宜（女性以套裝，男性以西裝為主） 注意衣服合身、洗滌及整燙	穿著亦須考量場合及組織文化的特性
名片交換	隨身攜帶名片，並選擇合適的名片夾 右手拿名片遞送，左手接收他人名片 交換名片應適度問候，同時保持笑容，注目對方，以示尊重	多人訪談，在交換名片後可將名片依序排列於桌上，以利會談 別在他人面前於名片上書寫註記 名片不慎掉落地面，是不禮貌的行為

項目	作法	備註
握手	相互握手應適度輕握，不宜過輕或用力 男性與女性握手，應待女性主動先行伸手為之	
問候招呼	逢人微笑問候，親切招呼，平時多利用問候，維持良好的形象及互動 能記得他人的姓名，是尊重他人及拉近彼此關係的重點	
重視電話禮節	通話先報自己姓名 長話短說 清楚交待及表達 言詞清晰及客氣 邊吃東西邊講話是不禮貌的行為 代接電話及留話 注意及時回電，以示尊重 通話完畢，三秒鐘後再輕掛電話，一般由發話方先掛電話	
訪客來訪	事前告知總機接待人員訪客資料 重要客戶應製作歡迎牌 接待場所／會議室應予整理佈置 視情況準備致贈小禮物 準備茶水及點心，如有需要應備餐 相關人員應準時出席及接待 結束訪談親送至電梯，是表達禮貌與敬意的具體表現	
拜訪約見	拜訪應先約見，且應準時到達 未事前約見逕行拜訪是不禮貌的行為 拜訪他人，提早十分鐘到達，並整理儀容以留下好印象	
長官約見	應備記事本記錄主管交辦事項 交待任務，應複誦確認，以免認知有差異	

項目	作法	備註
參與會議／訓練	開會／訓練不遲到早退，會議進行不擅離會場 會議／訓練中關閉手機及電腦 服從多數，尊重少數 會議發言，控制情緒，對事不對人 尊重會議決議，並落實執行	
電梯禮節	先出後進 讓女性先出電梯，再依尊卑依序而出 現代社會，為求效率可由近電梯出口者先出電梯 在電梯中儘量避免交談	

上班族的衣著妝扮

上班族的衣著妝扮是商業禮儀的重要環節，在這個高度競爭的工商業社會中，成功的職場上班族在衣著妝扮上必須要能配合自己的特性／工作／職位／年齡及各種場合，作適度的調整，以建立專業的形象，古語所謂「人要衣裝、佛要金裝」即說明外在合宜妝扮的重要性。

一個人是否能在職場上獲得認同及尊重，除了專業能力、協調溝通、人際關係之外，外在給人的視覺形象，有助於提昇自信及強化專業形象，亞伯特．馬布蘭（Albert Mebrabian）提出的「7／38／55定律」指出，通常在看待一個人時，只有百分之七著重於講話內容，百分之三十八著重在表達能力，而高達百分之五十五的比重，取決於這個人的外表看起來夠不夠「專業」；「努力工作是成功的必備因素，然而懂得包裝自己，卻能讓自己比別人更容易達到成功」；因此，在職場中如何能具備獨特巧思及合宜的自我妝扮技巧與形象管理，是現代上班族重要的能力之一，也是尊重自己、尊重他人的禮儀展現，以下就職場上班族在衣著妝扮上所應考量的要點，分述如下：

1. 要能慎思自我的特性

做任何事情，都要有清楚的自我認知，在衣著妝扮上也是如此，對於自我的喜好、身材、長相、膚色、髮型都要先自我認清，才能在選擇服飾上做出正確的抉擇。

2. 配合工作／職務的特性

一般辦公室上班族及服務業從業人員的穿著不同，員工及主管的穿著也不盡相同，在衣著妝扮上，各行各業有其不同的特性。例如：一般辦公室的上班族男性以西裝、女性以套裝為主，但是以研發創新及廣告創意為主的從業人員，由於工作屬性及個人風格，在服裝上明顯較一般上班族活潑及具個人特色。

此外，員工穿著可較為活潑隨性，而主管在穿著上則須正式莊重，以突顯權威及專業。

3. 考量場合

不同的場合、不同穿著妝扮，是職場上班族應把握的分際：平日上班與參加宴會的穿著不同，主持簡報及拜訪客戶的穿著也可能不同，如果在一個正式的場合，穿著不得體，是十分不禮貌的，在一個社交的團體中，合宜的穿著，可以予人深刻的印象，同時塑造自我的優雅風格及氣質，經營受人歡迎的情境，並能結交朋友及創造更多的契機。

4. 考量組織文化

不同的組織文化，對於員工穿著有不同的限制，例如：一般企業組織希望員工能穿著正式的服裝，甚至爲員工訂製制服。某大金融公司曾於數年前，規定女性員工上班需穿著短裙、禁著褲裝，而引發爭議。而趨勢科技及許多遊戲軟體設計公司則普遍有穿休閒服、穿拖鞋、不打領帶的組織文化，在這樣的組織中，西裝革履可能成爲異類；一般企業組織，在週五可換穿較休閒的服裝。因此，組織的文化也是影響員工穿著妝扮的因素之一，合宜的妝扮是商業禮儀的重要環節，上班族不可不慎。

表12-2　不同衣著妝扮所展現的意涵

區分	代表的意涵	場合
短髮 套裝／西裝 短裙 高跟鞋 皮鞋	正式／理性／效率／速度／簡約／制式	上班／簡報／研討會
長髮 休閒裝 長裙 平底鞋／休閒鞋 布鞋	非正式／感性／柔弱／親和／彈性	宴會／訪友／聚會

職場小叮嚀

職場的紀律是建立在制度與表單的執行與管控上，
所有的文書處理作業建構成組織綿密的管理網絡，
一個專業的職場上班族，
能夠遵循規範，並善用文書處理及檔案管理的技巧，
讓工作有所依據、資料妥善存檔；
文書處理的能力是所有上班族不可或缺的基本職能。

第十三章 職場專業文書力

一位專業的職場上班族，文書處理的能力是不可欠缺的，因爲在重視溝通的時代裏，組織內的簽呈/表單/計劃書/簡報/E-mail等，均藉由文字來傳達訊息，然而，由於資訊化社會的來臨，人們對於文字的表達力反而鈍化了，不僅辭不達意、錯字連篇，同時對於文書處理的作業能力也每況愈下，這對於組織的運作及個人的專業形象都會產生負面的影響。

組織內部的制度、計劃與表單都是以文書的型態呈現，雖然資訊工具取代了有形的紙張，但是文書處理的內涵及文字表達的專業卻沒有改變，甚至由於資訊發達取代了面對面溝通，文字的表達陳述更顯重要；能夠了解職場中的文書作業、強化文字表達的能力，同時藉由資訊工具與軟體系統來延伸文書處理的效率，是所有上班族必須具備的基本認知，也是輔助及彰顯專業素養的重要途徑。

除了上述的文書作業能力外，藉由文章的撰述與發表，更能突顯職場工作者的專業形象，因此，上班族要建立個人品牌並塑造個人競爭力，在文字表達與文書製作及處理的能力，是所有職場人士應重視且自我訓練養成的；清朝的文學家、史學家趙翼評析蘇東坡的詩曾說：「其絕人處，在乎議論英爽、筆鋒精銳、舉重若輕，讀之似不甚用力，而力已透十分。」如果上班族能夠練就一手好文筆，讓文字的表達力更流暢精確，一定能創造過人的工作成就！

工作中文書作業的範疇

(1)公文（令、呈、函、公告、簡便行文表、開會通知單、其他公文）

公文係指處理公務之文書，也是推行公務、溝通意思之重要媒介

(2)計劃書（企劃書）

(3)會議記錄

(4)簡報資料

(5)E-mail

(6)書信

(7)合約

(8)文章

(9)著作

(10)檔案管理

文書力建立的方法與途徑

資訊化的社會，對於文書行政的作業，常會讓大家覺得落伍過時，其實我們認眞的思考，現行的資訊工具，是將表單與流程藉由電腦程式來強化處理的效率與速度，但其本質的內涵是不變的；例如，藉由電子流程來管控作業，不會影響簽呈內容供主管決策的本質，而藉由網路寄發會議記錄，也不會改變會議記錄必須清楚記載決議事項、負責人員及後續追蹤執行進度的訴求，因此即使在科技化的時代中，我們只是利用科技來處理大量的資料，並將傳統的人爲控管改爲程式控制，以提昇速度與效率，而其文書的內容，仍然必須靠成熟有經驗的職場工作者來撰述說明，才能利用科技強化工作及決策的品質，所以，提昇上班族的文書力有其必要性。

要鍛鍊文書處理的能力，可藉由下列方法來達成：

1. 瞭解公文處理的原則與作法，並從歷史檔案中學習前輩經驗
2. 養成閱讀書報雜誌的習慣（每月定期閱讀期刊及至少選讀二至三本書）
3. 練習寫作的能力（從寫報告／日記／E-mail／部落格／臉書分享等做起）
4. 正式文件勿寫簡體字／錯別字／不誤用專用語及成語
5. 注意標點符號的正確使用
6. 重視正式文件的書寫品質及表達內容
7. 至少學會一種中文輸入法（每分鐘至少四十字以上）

8. 強化office作業系統的使用能力（熟悉Word／Excel／PowerPoint／Outlook等辦公室作業軟體）.
9. 養成資料蒐集及整理／分類的習慣
10. 做好檔案管理／資料備份並善用資訊

職場文書作業簡介（簽／稿）

1. 簽呈

組織內部下對上的正式行文，藉由簽呈依層級傳達訊息，並經正式核准後，做爲執行的依據，其優點爲白紙黑字的表達作業模式，且經由文字的審愼處理；經過正式簽准後（簽名負責）的文件，較之於口頭交辦，更爲審愼及具合法性；現在資訊工具發達，許多企業已導入WorkFlow電子表單流程，因此加速了文件的管控及處理速度，同時也一併解決了簽核追蹤、同步會簽及資料存檔等許多問題。

2. 簽／稿的定義

簽呈：幕僚處理公務表達意見，並將相關資料整理分析、提供建議方案，供上級瞭解案情，並據以判斷決策。

稿：是發文的草案，站在主管立場，協助預擬的發文內容，依各機關規定之程序與核決權限規定，由主管判行後以代表人名義發出。

簽呈之撰擬：常以三段式爲原則：主旨／說明／擬辦（重點在擬辦）

簽呈及稿之使用：簽呈／先簽後稿／簽稿並呈／簽併雙稿／以稿代簽

組織內部的工作執行與命令傳達，很多是以書面的簽呈來作業，要讓主管能快速精準的判斷決策，幕僚必須要能將相關的資訊予以分析研判，並且整理成爲公文，以利主管核判，因此如果一位上班族能夠詳細的了解及分析事件內容，同時將其以書面、表格的方式提供主管決策，除了能夠養成週延審愼的思維理則外，一定能成爲主管倚重的好幫手。簽呈的重點在於擬辦，在清楚的交待案件或工作的內容後，要能提供主管決策的方向，並且建議最佳可行的方案，這才是撰寫簽呈及文書處理的眞正意義。

3. 公文處理的作業流程及注意事項（詳如表13-1）

公文處理的注意事項：

1. 思考案件的成因並整理相關資料呈直屬主管審查
2. 先會再簽（文件處理的程序與倫理）
3. 會簽文件，應蒐集彙整書面意見
4. 建立「簽名負責」的觀念
5. 依序簽名或蓋章，並注意簽核位置
6. 不積壓公文
7. 依據主管核示，確實執行核定的任務

表13-1　公文處理的作業流程及注意事項

簽呈作業的流程	內容	備考
案件內容分析與關聯性	＊要能明確的了解案件的內容與範圍 ＊思考與案件有關的部門及人員 ＊確認公文的機密等級（機密／密／一般）及處理速度（最速件／速件／普通件）	
蒐集資料	將資料整理分類並撰述及製表 經過消化整理過的資訊，才能提供主管事件的完整全貌	相關資料可以附件方式，與公文並呈
送直屬主管簽核	將案件簽呈送直屬主管審閱	如主管有修改意見，應修訂重製後再呈閱確認
會簽相關部門主管	經直屬主管簽核並確認會簽單位後，將公文依序會簽主管	收到會簽公文，各主管應以書面表達意見，以為承辦單位及上級主管核決的參考
逐級呈送主管核決	依核決權限由主管核判	
依主管核示內容執行任務	公文經核決後，應告知相關主管及人員，並遵照執行	
文件歸檔	將公文歸檔以利查考及備查	

檔案管理的基本原則

1. 檔案管理的意義

所謂檔案管理是個人或組織因處理事務所產生之文件、圖片、資料、檔案等，經由有效的管理，予以整理、分類、立案、編目等手續，使成爲有組織、有系統，同時便於保管又利於查詢使用的作業程序。

2. 檔案管理的重要性

企業經營的過程中，相關的文件資料，是經驗與知識的累積，若藉由檔案管理，將資料分類儲存，並有效運用，將會提昇組織營運的績效，也能作爲員工培訓的依據。

此外，成功的職場從業人員，其在工作中蒐集或產出的許多資料，若能加以整理收納，也會累積成爲一個極具價值的知識庫，而藉由這個資料庫，可以提昇自我的專業素養及工作價值。因此，舉凡現代的上班族都要有長期蒐集資料及檔案管理的能力，才能在形塑個人工作專業與完成組織任務兩個面向上都事半功倍。

在這個知識經濟的時代中，知識管理成爲個人、企業成功的關鍵，企業組織爲了有效做好知識管理，紛紛引進KM管理系統，各大企業也要求員工將各項事務處理的經驗，在系統中分享，目的都是希望知識得以傳承，以快速且正確的做出判斷及決策。由此可知，知識管理十分重要，而檔案管理則是善用知識的重要介面。

3. **檔案管理制度**

集中制：所有公文、文件、資料均將正本統一由專責單位歸檔存放。

分散制：所有公文、文件、資料均依據部門工作職掌，由承辦部門人員自行負責保管歸檔。

混合制：即部份公文、文件、資料採用集中制，部份採用分散制，例如：合約採用集中制，其餘公文、文件採用分散制管理。

4. **檔案管理的分類原則**

資料文件或公文，如果不能做好檔案的管理，那麼組織工作的經驗就無法傳承累積，因此檔案管理十分重要，檔案管理的分類可依筆劃/地域/日期/編號/顏色/主題/數字/專案或混合等原則，依照使用的便利予以分類。

5. **檔案管理的工具運用**

利用資訊工具將有助於將資料電子化，方便存檔、傳送、保存及查詢，現行的資訊科技發達，傳統的書面存檔方式，不僅保存不易也不好查閱，透過電腦來存取資料，可有效節省空間及提昇運用的效率。

6. **異地備援**

各類文件及檔案是企業的資產，也是組織運作的基礎，因此資料必須重視其安全性，異地備援機制攸關企業經營與存續。許多公司利用網路傳輸，即時將資訊儲存備份在公司所在地以外的地區，就是要確保公司資訊的安全以降低組織營運的風險，例如：美國九一一事件時，就因為雙塔的許多公司將資訊同步異地儲放在新加坡及其他地區，因此能夠不受恐怖攻擊摧毀大樓事件的影響，而能快速的恢復營運。

電子流程表單的運用

工作流程（WorkFlow）的簡化與效率，在組織講求「管理」與「速度」及企業人員精簡的現況中，透過資訊科技，以網路無時差的快速傳遞，並結合雲端科技、個人電腦、行動裝置、流程控管軟體的表單流程電子化系統，來改變傳統流程模式，進而改變工作流程，已是企業組織追求提昇文書作業效能的方向。選擇合適的軟體並在高階主管的支持下，進行電子流程表單系統的導入，將能提昇組織的作業效率，電子表單的系統效益整理如下表（表13-2）。

表13-2　電子表單的系統效益

效益指標	建置前	建置後
無紙化	依賴紙本表單	不需要紙本表單
流程自動化	完全以人工分發及遞送方式作業	完全以網路即時傳遞
工作執行的狀態透明化	不清楚工作執行的狀態	處理流程清楚明確，並可全程查詢
快速查詢及統計	人工統計及製表速度慢	即時查詢各類表單的統計及明細資料 與ERP及相關內部系統相結合，能夠快速統計及分析資料，並有效產出各類經營資訊
節省人力與時間	需再以人工將資料鍵入電腦內 紙本表單以人工歸檔	資料自動轉入資料庫，完全不需人力 不需人工歸檔

表13-3 職場文書處理的重點

職場文書處理的要點		
分類	處理重點	注意事項
簽呈	主旨／說明／擬辦的作業格式 「主旨」精簡扼要點出案由／「說明」要能掌握重點，如有需要，則以附件（表）整理及說明；「擬辦」是意見具申及建議採行方案的重點 遵守「先會再簽」及「簽名負責」的原則 公文送簽，依循顏色管理的卷宗規範及注意保密區分 簽呈公文以電腦打印或確保字跡工整及勿寫錯字、用錯字詞或辭不達意	
會議記錄	區分為主席指示及會議決議事項 決議事項清楚記錄，並註明負責執行的部門或人員及期限 會議記錄的內容必須經與會人員確認，以免產生爭議 必須定期追蹤，檢討會議決議事項之執行成果，並做成書面記錄	
計劃書	計劃名稱 計劃書的目錄 計劃的目的 計劃擬具的依據 計劃的內容 計劃的執行進度 計劃所需資源（人力／經費／設備／技術…等） 計劃執行的預期效益	
合約	簽約主體（自然人或法人） 簽約目的或標的物 清楚的權利義務條件 明確時間及金額 保密規定 智慧財產權條款 違約處理（罰則） 解約條款 訴訟地約定 簽約時間及有效期間 有權人簽署及用印	重要的合約應委請法律顧問或專業律師撰擬或審閱，以維組織權益

資訊系統與網路的發達，改變了文書處理及檔案管理的風貌，電子化的資料管理較以往在處理大量／繁瑣資料時，更得心應手，然而基礎的文書處理觀念及實務能力是資訊作業的基礎，在資訊科技的時代中，電子化流程將使企業組織的文書及表單作業更有效率，而能快速提供有用的資訊，及時運用在經營管理上。

職場小叮嚀

壓力就像擺脫不掉的夢魘，如影隨形的伴隨在上班族身側，

與壓力和平共處，壓力可以激發企圖與潛能；

如果無法有效紓解壓力，

長期的壓力就會擊倒我們；

壓力處理與健康管理，

是現代人必須正視，同時認眞修習的重要課題！

第十四章 上班族的壓力處理與健康管理

工商社會的高度競爭與職場的工作負荷，常使得現代人在工作的競逐中，衍生高度的壓力，壓力是健康的殺手，經過醫學的研究指出，有百分之八十五的醫療問題是由壓力所導致，許多身體的病痛都與長期的工作壓力，有著密不可分的關係。

根據瑞士洛桑國際管理學院（IMD）的「世界競爭力年報」指出，台灣是世界上工作時間最長的國家之一，平均一年二千一百四十一小時，而每日工作超過十小時的上班族達到百分之五十，企業主管每天的工作時間更可能高達十二小時以上。

職場上班族工作超時的現象屢見不鮮；尤其是科技業及服務業的從業人員，每日工作時間遠遠逾越八小時。為了追求速度，科技產業研發人員挑燈夜戰，常常是成就了產品而犧牲了健康，然而，我們都知道，失去了健康，人生將會失去色彩，空有財富也換不回失去的健康，只是我們都長期習慣性的漠視自我的健康。人們會準時在每五千公里保養座車，但是除非出現警訊，則從來不去做健康檢查，現在的職場工作者，超時工作、承受高壓、忍受病痛，長期置自我健康於不顧。

二○○四年四月七日辭世的英業達副董事長溫世仁生前曾說：「健康是生命中重要的因素，失去健康才是人生最不能克服的挫折。」又說：「健康要擺第一，財富是跟在一後面的很多零，一代表健康，沒有一，後面有多少個零都是一樣的。」而溫先生去世時才五十五歲，溫世仁先生的驟逝，應該讓所有的職場上班族深自省思，並用心做好自我的健康管理。

找回個人的健康體能

科技的不斷進步，便捷的交通運輸網絡，讓我們出門有汽車、捷運，上下樓有電梯，無遠弗屆的虛擬網路讓我們購物、交友一指搞定，而各式各樣的多元資訊在電視、網路中唾手可得，科技的高度發展，使得人們生活中需要體力勞動的機會降低，因此，長期工作忙碌及缺乏運動的結果，將使得身體機能與抵抗力大幅衰退，這也使得現代上班族的各種文明病提前發生。

王品餐飲集團董事長戴勝益為了維護員工的健康，要求高階主管配戴計步器，每日走一萬步，而他也身體力行、貫徹執行，並曾在搭飛機時來回踱步，而造成空服人員的虛驚；老當益壯的巨大集團暨捷安特公司董事長劉金標，每天上班以自行車代步，二○○七年以七十三歲高齡，完成單車環台九百七十二公里的創舉，二○○九年又挑戰中國大陸一千六百六十八公里的長征，其堅毅的意志力及運動精神，值得我們效法。

個人的健康體能（Health-related Fitness），依據賴保禎等著的「生活科學概論」一書之資料顯示，係指個人在心臟、血管、肺臟及肌肉組織的運作機能，而健康體能的五大要素分別爲心肺耐力、肌肉力量、肌肉耐力、柔軟度及身體脂肪，這些都有賴規律的生活、均衡的飲食及養成運動的習慣，方能予以維持及強化。

在緊張的職場生活中，休閒活動與自我調適是不可或缺的，培養興趣、從事各項正當的休閒活動，是解除壓力、蓄積活力的有效方法，職場上班族在工作與生活的調適中，要學習培養定期運動、安排生活休閒的能力，以期能成爲一個身心健康、活力充沛的上班族。

職場上班族的壓力來源

現代上班族在物質欲望的催化下，常常想要擁有的太多，而獲得的太少，在得失的落差下，產生了很大的挫折，同時外在環境劇變及自我要求所牽引出的壓力，也都考驗著職場工作者的承受力，以下謹就上班族的壓力來源以下圖（圖14-1）表示，並就重要項目加以探討。

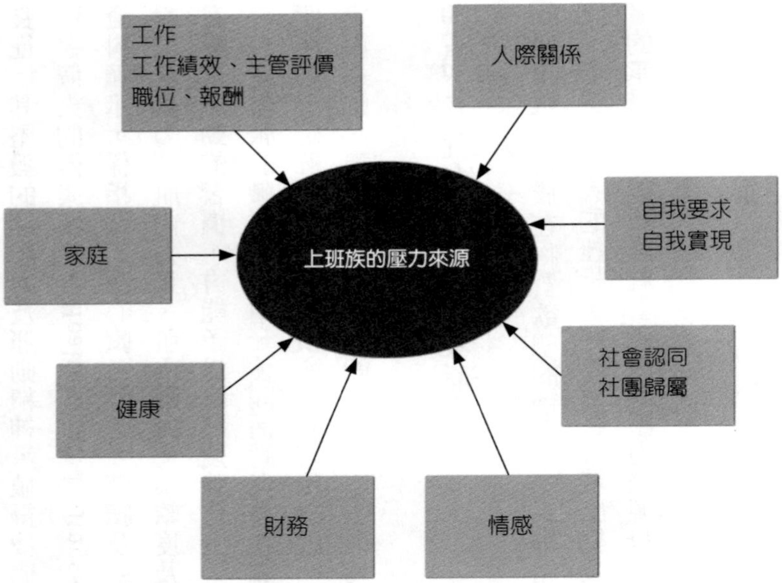

圖14-1　職場上班族的壓力來源

社會競爭與比較心理

在資本主義的功利社會中，地位與金錢是衡量成功的指標，因此所有的上班族從學校畢業後，就開始追逐名與利，然而在這個高度競爭的環境中，面對經濟的劇變衝擊，上班族的工作危機四伏；能夠安身立命已經十分不容易，而在貧富差距逐年擴大的情況下，薪資成長遠低於物價的上漲，許多的上班族不敢結婚、無力購屋，甚至於靠信用卡舉債度日。

上班族追求享樂、滿足物欲、刷爆信用卡，搞得財務破產的案例時有所聞，物質需求的欲望，也令許多上班族成爲金錢的奴隸；十多年前銀行推出的「現金卡」業務，由於呆帳高達新台幣數十億元，迫使許多銀行在高額的呆帳及催收無門的狀況下，紛紛取消或縮減現金卡的業務。而在薪資微薄的景況下，面對高度的物質需求，上班族想要能夠清心寡欲、雲淡風輕，是不可能也不容易做到的。

產業遭逢生存競爭與劇變，導致上班族的職涯前景不明，因此職場上班族在工作與前途的雙重煎熬下，身心承受莫大的壓力。同時在這個相互較勁的社會中，比外貌、比學歷、比職位、比收入、比流行，整體社會趨勢的功利化，是現代人無形的壓力來源，我們無法改變現況，也不能自外於這個緊張、功利的環境，如何與壓力共處，並鍛鍊處理應對壓力的能耐，讓壓力發揮其正面效益；激勵、驅策自己努力奮鬥，同時降低壓力的傷害，是所有職場上班族必須共同學習與努力因應的課題。

完美主義的自我要求

在這個凡事都愈來愈挑剔的社會裏，「追求完美」成為企業與個人追逐的目標，尤其是各行各業的經營者與主管大多具有完美主義的個性；凡事講求無缺點、不斷的與問題及缺失周旋，在追求完美的過程中，必須事必躬親的投入工作，凡事親力親為、絞盡腦汁，另外，由於追求工作的盡善盡美，容易滋生挑剔缺失、責備部屬，乃至易怒、受挫、自責等負面情緒，這種超出體力負荷及意志緊繃的情緒，如果不能有效調整，時日一久很容易導致自我的精神失衡，同時肇致沉重的心理壓力，也會是憂鬱症的肇因，同時將重創生活品質與身心的健康。

人際互動的疏離

人是群體與感情的動物，但在這個冷漠、疏離的社會裏，檯面上有政客的操持誤國，檯面下有各式詐騙集團充斥其間、廠商罔顧商譽損害消費者權益的案件頻傳、個人私領域及隱私由於媒體的充斥及網路的發達，有被窺探之虞；價值觀混淆、自利主義盛行，導致社會群體的誠信蕩然，人際間充滿了猜忌與不信任，這種人與人相互防衛、各築高牆的社會中，嚴重的疏離感是職場工作者壓力的另一個來源。許多上班族離開校園後，在忙碌的工作中，每天在公司與住居間往返，隨著時間的流逝，朋友愈來愈少；同時，中國人的企業組織，派系爭鬥、關係用人的複雜人事結構與組織「重視妥協、不重是非」的特性，也會讓人在不公平、不公正的人事環境中，感到挫折與無助；現在上班族的工作職涯長達三、四十年，人際關係順遂與否，是上班族能否愉快任事的重要因素，長期處在人際疏離及自我防衛的社會與企業組織中，會造成自我的封閉，不利於人際的拓展與壓力的舒緩。

前程定位的茫然與無助

中國人有句諺語：「寧為雞首，不為牛後」，大多數的上班族在工作一段時日後，都有自立門戶的打算，這是台灣中小企業林立的原因，也是經濟不景氣中，街頭巷尾小吃店不斷開張的成因。很多的大學畢業生，在進入社會的唯一職志即是在若干年後創業當老闆，然而社會的變遷太快、競爭劇烈，要能一圓老闆夢的機會愈來愈渺茫。從這個例證中可知，當理想與現實有所差距時，經過不斷的測試與驗證，消極的人選擇逃避、選擇自我放棄，而積極的人會理智的量力而為，並且在壓力下重新不斷的調整測試、理性抉擇及因應；放棄也許是釋放壓力的方式之一，如果許多的理想都不能實現，在社會認同與自我期許的檢視下，依然會使自信心受挫，並且無所適從。

施振榮先生在宏碁三次大起大落的經營過程中，曾經深刻的反省「認輸才會贏」的哲理，在人生乃至於職場中，我們不可能持續成功，失敗只是在等待更大的成功，在我們思考跌倒原因的過程中，對於環境、產業與個人的職場得失，必然會有更深的體會，這些自省的步驟，都會讓我們重新找到出口，並且在職場上重新出發！

整體國家社會的亂象與經濟持續的不振，讓所有上班族在不確定的年代中，不得不為將來預做打算，但是在物價愈來愈高而所得愈來愈低的景況下，面對未來，許多的職場上班族感到前途茫然，而這種不滿現狀、患得患失的心理，已經形成了潛藏的壓力，值得所有的職場工作者及整體社會密切關注。

壓力造成的身心影響

綜上所述，現代人的壓力來自生活、工作、金錢、情感、健康等各方面，長期的壓力會嚴重影響上班族身心的健康，謹將壓力造成的身心的主要影響表列（表14-1）如下：

表14-1　壓力造成的身心狀態的影響

區分	影響
心理方面	記憶力減退、注意力不集中 悲觀、挫折、負面思考的心理 對任何事情都興致缺乏 封閉自我
生理方面	容易疲倦 抵抗力減退、容易感冒 噁心、胸悶、心悸 消化功能減弱 全身酸痛、頭痛
表現行為	情緒失控 易怒 大量飲酒或吸煙 與人衝突機率高 焦慮不安、無助 暴力傾向與行為 人際互動消極
身體病痛	常見與壓力有關的疾病： 高血壓、心臟病、便秘、腹瀉、肥胖、氣喘、甲狀腺機能亢進、月經不規則、頭痛、失眠等

上班族如何戰勝壓力

現代人在緊張、忙碌的工商社會中，較之以往承受更多、更大的壓力，工作中、生活上的壓力無所不在，我們無法擺脫壓力，而必須練就與壓力共處、承擔壓力的能力，才能讓生活過得從容並擁有健康的身心，如何能夠戰勝壓力，提供以下的方法，供讀者參考：

1. **認識自我、確定方向**

認識自己是一段與自我對話及自省的過程，我們常常在世俗的觀念下放棄了眞正的自我，能夠認清自己要什麼的人，是幸福的，年齡與經歷會讓我們慢慢的知道與珍惜眞正的需求，認識自我是戰勝壓力的首要因素，因爲可以鎖定自己的努力目標，而過濾掉許多不必要的壓力源。

2. **自我肯定、建立自信**

建立自信是自我肯定的基礎，沒有人是十全十美的，在職場上每一個職位都是不可或缺的，藉由專業及用心也能炒熱冷衙門，學習自我肯定、學習獎勵自己，人生就會變得歡喜且快活。

3. **找出壓力的來源**

每個人的自我期許不同，想法與個性互異，面對壓力的承受能力也不一樣，要能戰勝壓力，首先要精準的找出壓力的來源，例如，在競爭的社會中，學歷是一個重要的背景符號，職場主管的學歷可能不如部屬，若因此感到缺憾與壓力，解決之道是在職進修取得碩士學位，就能有效的豁然開朗、建立自信；又如許多人有財務上的壓力，常常薪水不敷使用，無形的壓力會慢慢沉澱積累，影響情緒與生活，只要能痛定思痛的詳細記錄消費的明細，防堵無謂浪費，同時藉由兼差、打工有效開源節流，便能逐步實現財務自主，達到排解壓力的目的。

4. 量力而爲、培養耐壓

如果我們訂定了逾越自己能力的目標，無疑是將千斤重擔加諸在身上，壓力會讓我們精神緊繃、動彈不得，「量力而爲」不是消極無爲，而是一點一點的加重自己的責任與能力，讓自己能在量力而爲的情境中，逐步建立自信，並能在一次一次的成功經驗中，練習承受更大的負擔，這樣能夠讓我們在穩定中獲得成長，並且培養耐壓的能力。

5. 接受現實、永遠向前

人生與職場的挫折是無所不在的，工作、人際、感情都無法盡如人意，所以我們要能接受現實，要能在挫折中學習成長，同時也要記取教訓，不斷的向前看。「忘記過去，向前看，才有成長的機會」，永遠活在當下，是職場上班族在工作與生活中須謹守奉行的準則，趨勢科技創辦人張明正曾勉勵職場工作者，「永遠將今天當做是新的開始，做最佳的表現」，建立這樣的心態，就能有所成長。

此外凡事只要是做了最壞的打算，想像一下最糟的狀況，就能在心裏預演最差的情境，也能讓自己在心理準備的狀況下，減低挫折所帶來的衝擊與傷害，同時努力放手一搏，反而有致勝的機會。

6. 學習轉進、建立多元專業

社會價值的多元，反應在職業潮流的調整與改變上，差異、分眾、創新的商業趨勢，使得職場中的分工細密，任何行業都能夠藉由努力而創造出「專業達人」，條條大路都通往成功之門，所以「專業」是立足職場的重要條件，多元的發展及「多職人」的趨勢，能讓職場上班族隨時有「轉進」的機會，而藉由多元專業的建立，也能在職場的競爭中，隨時有重新出發的機會。

7. 培養興趣、適度休閒

現代人的工作與生活壓力大，如果能夠培養興趣與嗜好，當沉浸在自己喜好的事務時，就能調整心情，讓疲憊的身心獲得鬆弛；張忠謀董事長喜歡閱讀，每天花五個小時讀書，而王品的戴勝益喜歡爬山，從登山活動中欣賞大自然的變化並思考人生及企業經營之道。

除了培養興趣之外，從事休閒活動則可以調適與恢復疲勞、重振活力，學者林連聰先生認爲休閒（Leisure）活動係指「工作之外的閒暇時間內，自由自在的選擇自己喜愛的活動，以達到消愁解悶，恢復、調劑身心的狀態」。每個職場上班族都應在忙碌的工作之餘，花點時間投入有興趣的事務，並且從事適宜的休閒活動，除了能夠讓身心均衡，也是擺脫壓力的好方法。

8. 建構支持系統

爲了因應社會多元的發展，目前有許多社會救援與支持體系，不論在工作、感情、家庭、婚姻、健康、法律等範疇都有公私立機構可供諮詢與輔導，而我們除了善用這些機構來解決問題外，更要能建構自我的支持系統，朋友、親人就是最好的研討及交換意見的對象，而社團與宗教也是能夠撫慰人心、恢復自信的管道，我們要能夠化解壓力，建構支持系統，是解除壓力的重要的途徑。

9. 給自己私密的時間與空間

現代人太忙碌了，平日上班工作、假日應酬或陪伴家人，一年到頭都是爲了他人而活，在人生的旅程中，我們要能隨時停下腳步，在屬於自己的時間與空間裏，讓自己充分放電後再蓄積能量，找一個能淨化心靈的空間，也許是家中的一角、也許是安靜的咖啡廳、充滿芬多精的山林、寬闊的海邊，國內或國外，給自己獨處的時間，讓自己與自己對話，是一個能夠清晰思考、重新出發的好方法。

10. 碰到不如意，躲一躲吧

阿里巴巴的執行長馬雲，曾說過一個小故事來闡述企業或個人遭逢困境時的因應之道：三個和尚出門，天氣陰晴不定，其中一位和尚帶了傘，第二位和尚帶了雨衣，第三位和尚空手出門，什麼都沒帶，結果半路上果然遇著了傾盆大雨，帶了傘及雨衣的和尚，急忙使用雨具遮雨，由於雨勢甚大，返回寺廟時，帶了傘及雨衣的和尚依然是滿身泥濘、全身溼透，但第三位和尚卻是全身乾爽，沒有被大雨波及；原來他遇到了大雨，不急著趕路，找了民舍躲雨，待雨停了再繼續旅途；在工作及人生的道路上，難免有無法預期的挫敗與風險，與其強渡，不如找個地方躲躲，休養生息後，也許可以撥雲見日，重啓新機！

十項指標，檢驗工作的快樂指數

從以下十個指標來驗證你的快樂工作指數，符合程度愈多，表示你的快樂指數愈高，反之，你不是每天渾渾噩噩，過一天算一天，就是內心抑鬱、懷才不遇；每個人的能力、智慧都差異不大，所擁有的時間也相同，但是工作的抉擇及企圖則互異，如果你想要在職場上成爲常勝軍，找到努力的方向，同時能夠享受工作的過程，才能成爲「快樂工作」的上班族！

1. 你的工作能結合志趣與特質　□是　□尚可　□否
2. 你能自信且大聲的告訴別人：「我喜歡我的工作」　□是　□尚可　□否
3. 能忍受工作的挫折並快速自我療傷　□是　□尚可　□否
4. 你在工作中能創造好的績效　□是　□尚可　□否
5. 你的主管及同儕認同你的專業與表現　□是　□尚可　□否
6. 報酬能滿足現實經濟的需求　□是　□尚可　□否
7. 在工作領域有不斷學習的動力　□是　□尚可　□否
8. 在工作中能源源不斷的挹注熱情　□是　□尚可　□否
9. 在工作與生活中能建立良好人際關係　□是　□尚可　□否
10. 有固定且長期的休閒活動　□是　□尚可　□否

上班族的自我健康管理

工作忙碌、睡眠不足是現代上班族的生活寫照，而經常外食也會造成營養的不均或失衡，此外在密閉的冷氣房中使用電腦工作，長期也會對身體機能造成不適的影響，現代人享受科技發達的便利，同時也衍生了許多的副作用，值得上班族隨時注意；職場上經常發生的職業傷害整理如下表（表14-2）。

表14-2　上班族常見的職業傷害

職業傷害區分	原因	改善方法
頸部僵直 背痛 肩部酸痛	長期坐太久 坐姿不正確 長期注視／使用電腦	＊注意人體工學，例如螢光幕上框應低於水平視線15度、螢光幕和眼睛最少要距離一臂之遙，座椅要舒適且能調整高度、室內的照明、通風、噪音、空氣品質都是要注意的細節。 ＊工作一小時休息十分鐘 ＊在辦公室內做伸展操 ＊上下班走樓梯、步行取代坐車或走一段路再搭車 ＊中餐走出室外用餐 ＊養成運動的習慣 ＊有不適症狀勿輕視，應儘速就醫檢查
手腕疼痛 手部、手臂反復性肌牽張傷害	長期敲打鍵盤及使用滑鼠 姿勢不正確	
眼睛疲勞 頭痛、頭暈 視力／聽力衰退	長期注視電腦螢幕 照明過亮或不足 室內空調不佳 噪音	
感冒 抵抗力降低 皮膚乾燥 呼吸系統疾病	長期在冷氣房工作 空氣品質不佳	

定期運動是維持健康與活力的根源

規律運動是保持身體健康的不二法門，所有的職場人士都知道運動的重要性，但是能夠定期運動的人卻是少數，據統計有定期運動的上班族不到三成，多數的上班族寧可睡覺補眠或是窩在家裏上網、看電視，就是欠缺出門運動的動力；目前各地政府普設運動中心，且許多的學校都開放供民衆活動，同時在城市中更有設備完善的健身房、游泳池供大家選擇。上班族如果要能增強體力、建立自信、克服壓力、維持健康，養成持續運動的習慣，絕對是最有效也最經濟的方法，經常運動的益處有以下數端：

* 增加攝氧量，改善及強化心肺功能
* 增強身體的抵抗力，減低疾病上身的機會
* 維持穩定正常的體重，塑造優美的體態，保持年輕與活力，抗老美顏
* 運動有助於睡眠，可有效降低失眠，提昇睡眠品質
* 除能鍛鍊體魄，亦能增強樂觀、進取、自信與堅毅的態度
* 提高忍受挫折的毅力，強化紓解及對抗壓力的能力

依賴保禎等所著的「生活科學概論」中提到：運動時間與活動的強度有關，運動強度高則所需時間較短，反之則所需時間較長，而運動的頻率以每週三至四次，運動強度多以心跳率作爲指標，計算方式如下表所示，值得喜歡運動的上班族依據自己的體能狀況，選擇合適的運動方式：

體能狀況	有氧訓練區
體能良好者	70%-90%的最大心跳率
體能普通者	60%-75%的最大心跳率
體能不佳者	50%-70%的最大心跳率
最大心跳率=（220-年齡）	

資料來源：賴保禎等著之「生活科學概論」

營養均衡的飲食是健康的泉源

行政院衛生署邀集營養學專家制定每日飲食指南，建議個人每日應從下列五大類基本食物中，選吃我們所需要的份量，以維持健康的身體，以下摘錄供讀者參考：

類別	份量	份量單位說明
1.魚／肉／蛋/奶／豆類	5份	每份：肉或家禽或魚類一兩（約30公克）；或豆腐一塊（100公克）；或豆漿一杯（240c.c.）或蛋一個、或牛奶一杯
2.五穀根莖類	3-6碗	每碗：飯一碗（200公克）；或中型饅頭一個；或土司麵包四片
3.油脂類	3湯匙	每湯匙：一湯匙油（15公克）。油脂類最好採用植物油
4.蔬菜類	3碟	蔬菜類中至少一碟為深綠或深黃色蔬菜
5.水果類	2個	每個：中型橘子一個（100公克）；或番石榴一個

*以上原則適用於一般健康的成年人，但因個人體型及活動量大小不同。

*資料來源：行政院衛生署

日常飲食應注意的事項（資料來源：行政院衛生署）

維持理想體重

體重與健康有密切的關係，體重過重容易引起糖尿病、高血壓和心血管等慢性病，體重過輕會使抵抗力降低，容易感染疾病，維持理想體重是維護身體健康的基礎。

均衡攝取各類食物

沒有一種食物含有人體需要的所有營養素，爲了使身體能充份獲得各種營養素，必須均衡攝食各類食物，不可偏食。

每天都應攝取五穀根莖類、奶類、蛋豆魚肉類、蔬菜類、水果類及油脂類的食物。食物的選用，以選用新鮮食物爲原則。

三餐以五穀爲主食

米、麵等穀類食品含有豐富的澱粉及多種

必需營養素，是人體最理想的熱量來源，應作爲三餐的主食。

爲避免由飲食中攝入過多的油脂，應維持國人以穀類爲主食之傳統飲食習慣。

儘量選用高纖維的食物

含有豐富纖維質的食物可預防及改善便秘，並且可以減少患大腸癌的機率，亦可降低血膽固醇，有助於預防心血管疾病。

食用植物性食物是獲得纖維素最佳的方法，含豐富纖維質的食物有豆類、蔬菜類、水果類及糙米、全麥製品、番薯等全穀根莖類。

少油、少鹽、少糖的飲食原則

高脂肪飲食與肥胖、脂肪肝、心血管疾病及某些癌症有密切的關係。飽合脂肪及膽固醇含量高的飲食更是造成心血管疾病的主要因素之一。

平時應少吃肥肉、五花肉、肉燥、香腸、核果類、油酥類點心及高油脂零食等脂肪含量高的食物，日常也應少吃內臟和蛋黃等膽固醇含量高的食物。烹調時應儘量少用油，且多用蒸、煮、煎、炒代替油炸的方式減少油脂的用量。

食鹽的主要成分是鈉，經常攝取高鈉食物容易患高血壓。烹調應少用鹽及含有高量食鹽或鈉的調味品，如味精、醬油及各式調味醬；並少吃醃漬品及調味濃重的零食或加工食品。

糖除了提供熱量外幾乎不含有其他營養素，又易引起蛀牙及肥胖，應儘量減少食用，通常中西式糕餅不僅多糖也多油，更應節制食用。

多攝取鈣質豐富的食物

鈣是構成骨骼及牙齒的主要成分，攝取足夠的鈣質，可促進正常的生長發育，並預防骨質疏鬆症。國人的飲食習慣，鈣質攝取量較不足，宜多攝取鈣質豐富的食物。

牛奶含豐富的鈣質，且最易被人體吸收，每天至少飲用一至二杯，其他含鈣質較多的食物有奶製品、小魚乾、豆製品和深綠色蔬菜等。

多喝白開水

水是維持生命的必要物質，可以調節體溫、幫助消化吸收、運送養分、預防及改善便秘等。每天應攝取約六至八杯（2000cc）的水。

白開水是人體最健康、最經濟的水份來源，應養成喝白開水的習慣，市售飲料常含高糖分及許多化學成分，經常飲用不利於理想體重及血脂肪的控制。

飲酒要節制

如果飲酒，應加節制。飲酒過量會影響各種營養素的吸收及利用，容易造成營養不良及肝臟疾病，也會影響思考判斷力，引起意外事件。

理想體重的計算方式

男性：（身高cm-80）*0.7=標準體重（kg）

女性：（身高cm-70）*0.6=標準體重（kg）

【本章部份資料取自賴保禎、杜政榮、唐先梅、林銳敏、張德聰、林連聰、陳玟秀、李淑娟、劉嘉年等編著之「生活科學概論」及行政院衛生署網站】

職場小叮嚀

人生中有超過一半的時間在職場上度過，
如果我們不能在工作中建立專業；
如果我們不能在職場上發光發熱；
我們的人生就會在朝九晚五的生活中失去了活力與熱忱！
認識自我、堅持理想、塑造專業、把握機會、貫徹執行力，
我們的職涯藍圖就能蛻變爲精彩的人生，
用心打造自我的職涯藍圖，讓我們一起來「點亮職場」！

第十五章　上班族的職涯規劃

對於一個職場上班族來說，職涯與前程規劃是十分重要的，它代表了一個具體的努力方向，同時也是自我實現的過程；前程（career）是什麼？根據Dr.Donald Super的說法：「前程是生活中各種事件演進的方向與過程，統合個人一生各種職業和生活的角色，從而表現出個人獨特的自我發展模式；前程也是人生自工作一直到退休後，一連串有酬職位的綜合，除了職位外，還包括任何和工作有關的角色，甚至也包括副業、家庭和公民的角色。」

許多步入職場的上班族抱持著隨性的工作態度，除了沒有明確的目標外，在工作中遭遇挫折，往往選擇離職，同時由於自我的性向與志趣並未確定，所以工作的變換也無法在經驗及發展上做銜接。例如：某位大學企管系畢業生，初入職場投入消費品（服裝）的行銷工作，一年後因故轉換至汽車業從事車輛銷售，過了一年半，由於景氣蕭條，業務工作推展不易，所以進入企業組織擔任庶務行政工作，又因爲行政工作例行且繁瑣，復轉換工作至保險銷售業務。上述例證的這位大學生，步入職場五年，仍未能具備特定的專業技能；許多以往的同學都已找到努力的方向，並且昇任基／中階主管，而他仍身陷在迷惘中！這是在職場中俯拾可得的例子；我們經常將工作比喻成爬山，換一個不同性質的工作，如同重爬一座山；在職場生命週期愈來愈短的現在，一個人能夠有機會重爬幾座山？

如果我們能在職場中，藉由各項方法，努力去發掘自我的志趣與理想，同時作好初步的規劃、勇於朝向目標前行，並且在不斷的檢討與測試中確認／調整方向、不斷充實自我的專業，那麼就能在有限的時間，創造職涯的最大效益。

在目前失業率居高不下的情況下，許多人都爲了謀職、轉職而傷透腦筋，學非所用或從事與自我志趣不符的狀況屢見不鮮，但是，即使大環境再差，職場上班族仍要對自己的未來做好規劃，雖然因爲外在環境或其他因素而暫時無法如願，但是千萬不要放棄理想。一個對人生負責的職場上班族，是一個能具備敏銳觀察力、認清形

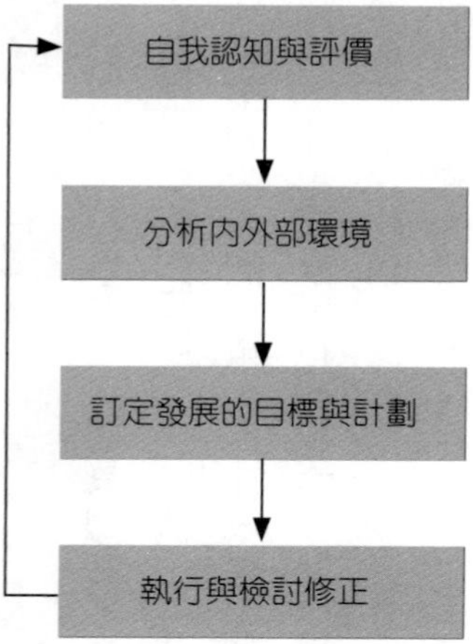

圖15-1　職涯規劃的步驟

勢、善於發揮所長、堅持理想，並且能按部就班朝向自我職涯發展邁進的勇者。

何謂職涯規劃

「所謂職涯規劃，即是上班族根據外在環境的變化及清楚的自我認知，對工作的發展做合理具體的計劃，同時能不斷檢討、調整，朝計劃及目標依進度努力前進的明確藍圖」。現在的職場具有多元發展及講求創新與行銷的特性，任何領域只要能有所區隔及差異化，都具有發展的空間，同時由於社會分工的細密，因此具備多職生涯的發展機會，以往從一而終的職場工作觀早已被打破，努力工作的目的，除了獲取專業與績效外，也為了觸類旁通的經營自己多元的職場生涯，例如，一位專業的職場上班族，可以用自我經驗與研究為基礎，朝向企管講師發展，可以將專業知識著書出版，可以轉換為專業領域的顧問師，這種從一點出發而多元發展的機會，每位專業的上班族都可以藉由努力及規劃逐步來達成。

職涯規劃應具備的要素

1. 清晰的自我認知

清楚的自我的認知是職涯規劃的基礎，配合自己的特質及志趣，才能在職涯規劃上有足夠的動機，要能擁抱專業，「動力」與「堅持」是最重要的因子，能夠找到與興趣相符的工作，自然能夠專注與投入，獲取專業也是指日可待的；麵包大師吳寶春師傅、餐飲達人阿基師、世界高球名將曾雅妮、美國NBA職籃好手林書豪、美國職棒投手王建民及以「斷臂山」、「少年Pi的奇幻漂流」勇奪奧斯卡金像獎的李安導演，都是能克服困難、堅持理想而能脫穎而出的典範。

許多上班族常悲歎工作是為了「五斗米折腰」，或是工作沒有目標與動力，不僅工作無趣，也虛擲光陰；我們面對的競爭與環境只會愈來愈艱險，職場工作者要能堅持朝向志趣相符的領域發展，才有發光發熱的一天。

2. 對社會脈絡的敏銳觀察力

規劃個人的職涯發展，除了瞭解自我的特質外，尚須評估環境的因素，必須要與社會的發展相結合；例如現代科技的發展在會計的作業上，已使用各種電腦工具來配合，所以立志從事財會工作者，就必須熟悉專業領域中的各項資訊系統及軟體工具，才能事半功倍；而台灣由於製造工廠大量外移，有志於投入製程與生產領域者，要有派赴海外工作的心理準備。在本書第一章即分析了環境的劇變，台灣近年環境變遷快速，上班族要能培養分析研判內外部環境的能力，才能在工作與生涯上做出明智的抉擇。

3. 重視紀律與自我管理

「凡事貴在執行」、「坐而言不如起而行」，只要去做，永遠來得及、永遠有機會，所以自我要求及自我管理的能力，是職涯規劃的成功要件，暢銷書「執行力」即清楚的點出成功的關鍵在於執行。

無論是企業或是個人，「紀律」都是成功立業的根本條件，現代人最大的缺失是「管不了自己」，如果空有想法而不能付諸執行，則永無成功之日。

4. **堅定的意志力**

人生的歷程中，困難及阻礙時時伴隨在身旁，每個人的才智與能力都相仿，而最後決定勝負的，就是「意志力」，在軍中五千公尺跑步及五百公尺障礙，都是在挑戰人們體能及意志的極限，凡能通過考驗者，大多是靠堅強的意志力來支持，意志力是成功者獨有的特質。在職涯的發展中，職場的工作者也要能專注、堅定，鍛鍊過人的意志力，才能忍受挫折、克服艱難、迎向成功。

5. **具體的書面計劃**

對於任何理想，如果不能形諸於文字，永遠只是空談，企業組織實施計劃與目標管理，各項作業都要求完備的書面計劃，爲的是審愼的思考及擬訂，並反覆研討驗證，考慮週延了，就能提高成功率；個人也是如此，計劃不能放在心中，訂定書面計劃的過程，可以養成邏輯的思維理則及理性評估可行性，同時對於執行差異作調整改善，此外，各項目標計劃要能切割成小的執行步驟，依照進度去要求自己落實執行；訂定計劃的習慣是要學習的；合宜的訂定適切的計畫與進度，在每一個階段完成後給自己一個獎賞與鼓勵，人生的職涯光環將會愈來愈具體。

6. **隨時檢討與調整**

這個時代唯一不變的事實就是「變」，能考量內外在環境變化，而快速調整及改變才能把握時勢，邁向成功的職場坦途。所有的計劃都與事實有所差距，因此透過不斷的檢討與調整，能夠將藍圖勾勒的更具體。

7. **不斷充實學習的能力**

這是一個終身學習的時代，知識成爲經濟發展的主流，誰能掌握知識，就能主導全局。機會與命運的改變，在於能否具備優質的知識力，因此，有效率、有計劃的吸收及管理知識，是現代人必具的基本認知，此外現在的學習環境豐富多元，各種實體與虛擬的進修管道十分普及，因此在知識爆炸的時代中，「學習如何學習」，在有限的時間去學習重要且需要的知識，是每一個人都必須審慎選擇與力行實踐的。

8. **觸類旁通的關聯發展能力**

在職場的發展，除了專業領域外，更要能延伸觸角，才能爲自己經營一個多彩多姿的人生。例如：一個人資專業人員，可以發表文章、出版著作，可以發展爲人力資源的顧問師或成爲教育訓練的專業講師等。

9. **由專才向通才發展**

在企業精簡人力及朝向精兵制發展的趨勢中，職場工作者除了具備專業技能外，還必須培養自己成爲一個跨界的通才，才能更具競爭優勢，例如，一位成熟的財會人員，除了會計的專業外，對於制度設計、財務規劃、內稽內控、組織管理、租稅規劃、法律知識等都應有所涉獵，以擴大工作的視野。

10. 自我實現的動機與毅力

人生是一個自我負責的過程，工作則是實踐理想的手段，而非目的，在這個差異化的時代裏，個人對職涯的規劃各有不同，但是積極樂觀、勇於挑戰的意念是成就自我實現的不二法門。

跨界發展是時勢所趨

跨界現象無所不在；科技大廠聯想要種奇異果、85度C開始賣火鍋，甚至7-11也擴充賣場，搶食餐飲、3C與服飾商機。從組織到個人職涯發展，如果沒有「跨界」的思維與準備，很快就會被掃入歷史的灰燼！

跨界發展的必要性

這是一個「贏者通吃」的時代，企業如果不能善用資源在本業或是跨業做到虛實整合(虛擬與實體通路整合)、軟硬兼施(軟／硬體技術兼備)及製造與服務並重，就不能永續在競爭的環境中生存，而個人也必須因應時勢發展跨界競爭力，例如，電子電機背景又具備專利法務知識的智權工程師及擁有雇主品牌經營素養的人資／公關雙專業人才，目前都是市場上炙手可熱的高薪族群。

跨界發展必須結合需求及創新

誠品結合傳統書店與百貨零售，創造出兩岸三地的流行風潮；法藍瓷將東方的元素結合創新設計，讓傳統的瓷器展現藝術的多元價值；超商從商品零售逐步邁入物流、餐飲及機能性服飾等跨界商機，這些企業的成功跨界，除了結合時代發展的趨勢外，也融入了創意及勇氣的因子。

人才跨界的省思

據統計目前全球有二億二千萬人失業，備受景氣衝擊的美國有一千萬以上的獨立工作者，這些擁有專業技能的人才，沒有特定雇主，靠著自己的know-how在職場上闖蕩；由這些現象可以了解，在這個競爭的環境中，職場競爭力來自於兩個元素：「專業」與「績效」，具備專業能力又能產生具體績效的上班族，才能在劇變的環境中生存，此外，大家所熟知的「π」型人意涵，即是必須擁有兩種以上的專長，才能在職場中無可取代，而所謂兩種以上的專業，即是跨界思維的呈現，例如會計人員兼具法律專業、人資人員兼具公關專業、研發人員兼具行銷專業，兩種以上互補或是差異化的專業能力，絕對能讓自己的身價鍍金，也能在工作中激盪出不同的火花。

企業培訓及個人鍛鍊，養成跨界能力

組織希望因應發展來培養人才，但許多企業經常事與願違，因爲員工不願改變或是欠缺成長的動力，所以，要能養成跨界人才，必須組織「有心」、個人「有意」，才能克盡全功。例如，超商由於整合多元的服務，從業人員除了在收銀台後扮演結帳的角色外、沖咖啡、泡珍

奶、做早餐、賣麵包無所不包，這也讓原本作業單純的超商員工變得複雜多工，這是企業及員工跨界發展的雙贏案例。

每位上班族心中都有一個想要實現的理想，就像李安執導的「少年Pi」，「理想」就是那隻難以駕御馴服的老虎，我們不斷的在與老虎相處的過程中搏鬥掙扎，並努力將理想化爲實際，經營職涯也是一樣，老虎就像是追逐的目標，永遠存在我們心中。

機會永遠留給準備好的人

一位軍旅出身的企業家講過一個故事：

早年在軍中時，經常在大雨滂沱的山林中進行夜行軍的訓練，山中淒黑一片，只有風聲、雨聲及矗立的林木圍繞身旁，在摸黑前進的過程中，熹微的月光不足以照亮山路，當閃電擊發的瞬間，才能短暫看見週遭的景致；而職場的生涯也是如此，在混沌中摸索前行，而「機會」就像是閃電一般，瞬間即逝。閃電來時，不會事先告訴你，因此，如果沒有將自己準備好，即使「機會」的閃電來臨時，你還是無法掌握。

人生中難得碰上幾次機會的閃電，所以及早做好生涯的規劃、隨時蓄勢待發，機會自然會找上你。

好好珍惜把握你職涯中的下一次閃電！

職場小叮嚀

長期處在激烈廝殺的紅海戰場，
我們是否曾靜心看看週遭偶爾出現的藍色海洋，
在高度慘烈的競爭中，我們逐漸失去了創意與理想！
如果我們能夠重新學習、重新思考；
如果我們能夠從傳統處創新；
就能夠發現工作中的「桃花源」，並進入「職場贏者圈」！

第十六章 誰能進入贏者圈

全球經濟向下沉淪、工作機會銳減的事實，已不容迴避，從國家、企業、家庭及個人，都必須做好過苦日子的打算，尤其是通貨膨脹問題嚴重，人民所得卻未伴隨成長，整個就業市場籠罩著低迷的氣氛；從新鮮人到中高階主管，都需要重新審視自我的就業競爭力，因爲環境變化太快，以前成功不代表以後仍能在職場上擁有一席之地。

二〇〇八年金融海嘯時，就有學者大力疾呼，在動盪的世界局勢中，未來每兩、三年就要承受不景氣的衝擊，唯有強化自我的競爭力才是根本之計，而從華爾街風暴到歐債狂潮，全球數千萬個工作機會消失了，產業必須找到生存的法則，而在職場上最弱勢的上班族，如何才能進入贏者圈？值得我們共同省思！

重新審視你的就業競爭力

產品的生命週期愈來愈短，仿冒、抄襲、改良的動作愈來愈快，任何一個企業或個人都在跟時間賽跑，擁有獨特的競爭優勢，才能不被市場淘汰，此外，硬實力式微、軟實力抬頭是二十一世紀的普世價值，二十世紀無止境的硬體競賽已遭遇瓶頸，軟硬兼備、虛實整合才是未來的主流趨勢。對於個人而言，你的專業必須結合服務及軟體，從有形的數字邁向無形的感動，從價格昇華至價值，才能符合未來的發展；而彰顯在工作態度上的溝通、親和、積極、誠信，更是職場中最重要的競爭元素！

強化附加價值

一百分的時代已被掃入歷史的灰燼，產品及服務每天都在創造新風貌；蘋果推出的暢銷手機及大陸餐飲集團海底撈的五星級服務、不斷推陳出新的APP、讓人耳目一新的社群平台及行動裝置，都是不景氣中吸引眾人目光的精湛演出，也是超越一百分的卓越例證；未來「創新附加價值」也將納入你我的工作職掌中，無法提昇價值，就會失去工作的舞台！

從傳統處創新

在傳統雜貨店中注入了通路與服務的因子，成就了台灣的7-11超商傳奇；將咖啡與品味及生活結合，創造了Starbucks與85度C等無數的咖啡連鎖品牌；把書香融入百貨經營塑造了誠品；腳踏車與休閒結合打造了捷安特；由社群人脈衍生而出的Facebook、Linkedin奇蹟；結合網路零售/通路/物流及金流支付平台的互聯網革命；整合各項科技產品與行動裝置的各式穿戴式用品，這些不勝枚舉的例子，都是在傳統的素材中加入了創新的基因，而發光發熱的成功案例。

從傳統處創新的意涵是：不要拘泥在僵化的思維中，即使是將舊的方法及流程，加以改善或是運用資訊工具提昇效率，都是創新，集合小差異就能成就大創意，甚至將相關或不相關的元素加以巧妙融合，產生的物理或化學變化，也許就能讓我們進入一個嶄新的藍海桃花源！

重新出發，邁進贏者圈

我們要積累的是經驗及生命的智慧，而不是讓專業的框架限制了我們的思維與成長，現代上班族面對劇變的世紀挑戰，必須更謙卑的面對自我與環境，同時在現有的工作與know-how中，置入不同的靈魂及生命，這些改變可能俯拾可得，也可能得靠重新學習及充電，才能改變現狀。

如果你目前尚保有一份穩定的工作，除了恭喜之外，有以下幾點值得提醒你：

1. 將創造組織績效列爲最重要的工作使命，因爲沒有組織就沒有個人。
2. 全心全力投入工作，不要再心猿意馬，努力創造成功的故事，才能讓你在職場中一帆風順。
3. 不要抱怨一個人做三個人的工作，不要怨恨主管給你壓力，因爲你的主管承受更沉重的成敗責任！
4. 不斷提昇自己的職場競爭力，在這個深具挑戰的時代裏，先充實自我的能力，才能蓄積應付環境變遷的本事！
5. 努力與同事緊密分工，因爲集體的智慧，遠遠勝過個人小小的力量。
6. 不斷創新突破，從產品、市場與工作中找到新的突破口，因爲只有在新的市場規則中，找到新的創意，才能創造新的價值！
7. 重新體會工作的意義與價值，它絕對不只是爲你帶來收入而已！

如果你在不景氣中，不幸中箭落馬，除了要鼓勵你重新振作之外，也要將我們的觀察與建議與你分享：

1. 工作的綠洲正在大量的消失，不景氣的衝擊也隨時伴隨在我們身側，工作挑戰已形成新的職場規則，不要再用舊的思維與方法來面對新的工作機會。

2.拿出履歷，仔細的審視自己的工作經歷，如果你無法在過去的工作中，提出具體的績效，同樣無法說服未來的雇主，相信你能爲組織立下功績。
3.保持正常的作息，千萬不要終日賴在被窩中或電視前，更不要沉溺於網路世界，待業的這段時間，正常且紀律的作息，是向自己與家人宣誓重新出發的行爲！
4.面對自己，找出可以從事工作的方向與類別，同時問自己，你能夠勝任的理由與動機。
5.放下身段，將自己歸零，重新開始在相同或不同領域中尋找機會，將自己過往的經驗轉化爲適應新事業的基礎，任何工作都有其共通的本質。
6.如果你打算創業，這是一個更大的挑戰，理性思考及勇氣是你最要兼顧的兩項因素！
7.從容的度過人生的低迷期，雖然不容易，但是內心慌亂、自怨自艾或者自我放棄，對於現況無濟於事，只會讓關心你的家人與自己，都處在黑暗的陰影中。

這個世界正在重新建立新秩序及價値！我們都需要「改變」！不管你願不願意，這股改變的力量正如狂潮般席捲全球，我們只有兩個選擇：「主動面對」或是「被動改變」！

不要放棄希望，雖然未來將有一段沒有期待，只有摸索的日子！

我要提出科技奇才Steve Jobs所說的一段話來與上班族朋友共勉：「人的一生只要兩天就夠了，用最後一天的心情去選擇下一步，用第一天的態度去做每一件事，我們會更有活力、更能成功。」

環境變得詭譎、事情變得複雜，能夠理出簡單的原則，開始向目標前行的人，將比停在原地觀望者，早一步抵達終點。

要能進入贏者圈，你要做的是「開始行動」！

附錄一　企業組織招募作業的執行流程

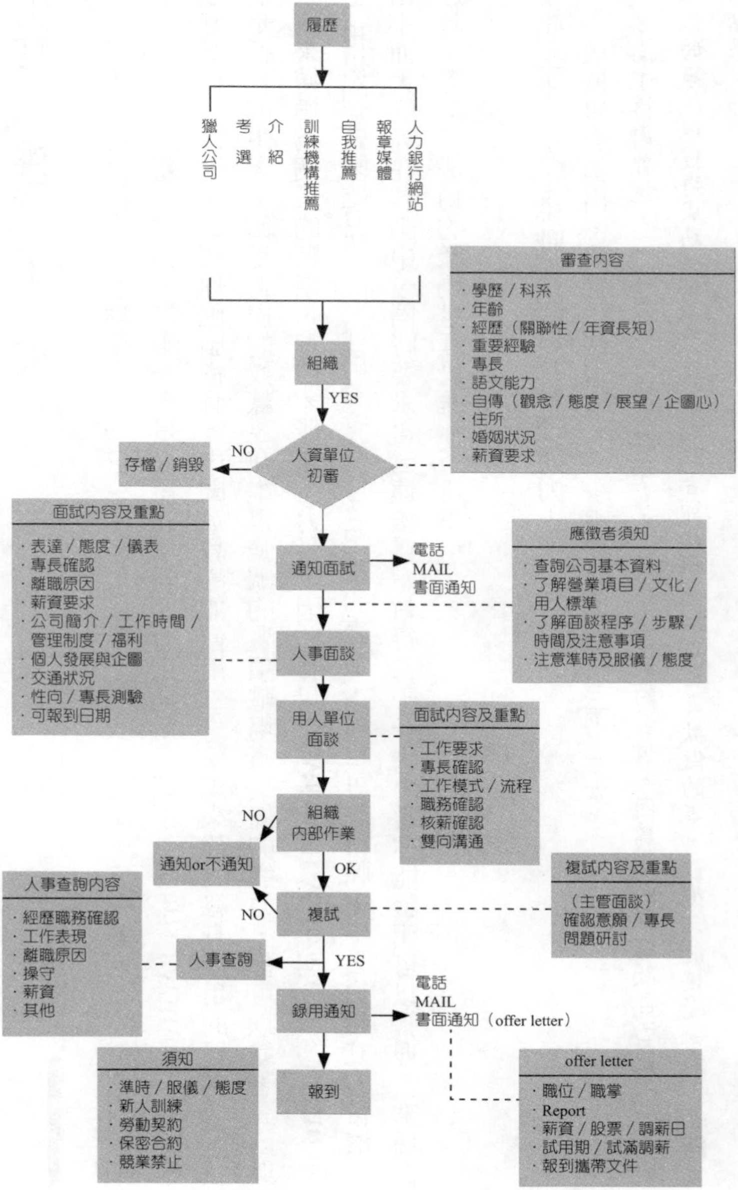

附錄二　挑戰二十一天

二十世紀最偉大的心理學家之一Dr.Maxwell Maltz發表「二十一天關鍵期」，這個理論顯示，建立一個新的習慣，二十一天是最短的期限，而克里斯．威丁（Chris J.Witting, JR.）也在其著作「二十一天讓你脫胎換骨」中闡述教導如何用二十一天來建立終身受用的好習慣。我們是行爲的主人，卻是習慣的奴隸，在本書強調的各項職場應具備的能力，都可以靠著計劃與堅持來轉換爲個人的習慣，習慣才能產生力量，因此謹以Dr.Maxwell Maltz與Chris J.Witting, JR.提出的理論與方法，並提供讀者執行及記錄的表格，你也可以將職場中必須建立的習慣，由小而大的列在計劃中，同時要求自己連續貫徹執行二十一天，當你能證明可以管理、掌握自己時，專業/成功的職場生涯已離你不遠！

挑戰二十一天！挑戰你的自我管理能力！

依據研究指出，培養一個習慣，至少需要「連續」二十一天！

南丁格爾曾說：「成功的人通常都保有失敗者不喜歡的習慣，因爲他們願意做自己並不十分樂意做的事，以獲得成功的果實。然而失敗者卻只願意做自己喜歡做的事，最後只能接受令人不甚滿意的結果。」

「想要」要不到，「一定要」才能實現理想！

挑戰21天（執行檢核表）

挑戰者姓名	
挑戰目標	（目標／習慣必須具體／合理／合法，有挑戰性，且為能力所及）

我必須證明我可以克服拖延及怠惰，同時
經由21天的堅持，我確信可以養成一個好習慣，為我的人生建立更高的自信

日期	日期	日期	日期	日期	日期	日期
21達成簽名	20達成簽名	19達成簽名	18達成簽名	17達成簽名	16達成簽名	15達成簽名
日期	日期	日期	日期	日期	日期	日期
14達成簽名	13達成簽名	12達成簽名	11達成簽名	10達成簽名	9達成簽名	8達成簽名
日期	日期	日期	日期	日期	日期	日期
7達成簽名	6達成簽名	5達成簽名	4達成簽名	3達成簽名	2達成簽名	1達成簽名

檢討與心得	

國家圖書館出版品預行編目資料

真想立刻去上班：悠遊職場16式／晉麗明著.--二版--.--臺北市：書泉,2017.02

面；　公分.

ISBN 978-986-451-023-8（平裝）

1.職場成功法

494.35　　104014955

3M71

真想立刻去上班：悠遊職場16式

作　　者— 晉麗明
發 行 人— 楊榮川
總 編 輯— 王翠華
主　　編— 侯家嵐
責任編輯— 侯家嵐、劉祐融
文字編輯— 12舟
封面設計— 戴湘琦Kiki
出 版 者— 書泉出版社
地　　址：106台北市大安區和平東路二段339號4樓
電　　話：(02)2705-5066　傳　真：(02)2706-6100
網　　址：http://www.wunan.com.tw
電子郵件：shuchuan@shuchuan.com.tw
劃撥帳號：01303853
戶　　名：書泉出版社

總 經 銷：朝日文化事業有限公司
電　　話：(02)2249-7714　傳　真：(04)2249-8716
地　　址：新北市中和區橋安街15巷1號7樓

法律顧問　林勝安律師事務所　林勝安律師

出版日期　2014年6月初版一刷
　　　　　2014年6月初版二刷
　　　　　2017年2月二版一刷

定　　價　新臺幣280元